Ahmed M. Abu-Dief Mohammed
Thomas Nady A Eskander
Mahmoud Abd El Aleem Ali Ali

Desenvolvimento de Complexos de Tiazol-guanidina para Aplicações Catalíticas

Ahmed M. Abu-Dief Mohammed
Thomas Nady A Eskander
Mahmoud Abd El Aleem Ali Ali

Desenvolvimento de Complexos de Tiazol-guanidina para Aplicações Catalíticas

Catalisador verde para a síntese de compostos heterocíclicos através de reacções multicomponentes

ScienciaScripts

Cover image: www.ingimage.com

This book is a translation from the original published under ISBN 978-620-7-47311-3.

Publisher:
Sciencia Scripts
is a trademark of
Dodo Books Indian Ocean Ltd. and OmniScriptum S.R.L publishing group

120 High Road, East Finchley, London, N2 9ED, United Kingdom
Str. Armeneasca 28/1, office 1, Chisinau MD-2012, Republic of Moldova, Europe
Managing Directors: Ieva Konstantinova, Victoria Ursu
info@omniscriptum.com

Printed at: see last page
ISBN: 978-620-8-37824-0

Conteúdo

Orientação para o problema

A química orgânica e inorgânica tem desempenhado um papel crucial no desenvolvimento de novos catalisadores. Os complexos de metais de transição têm propriedades únicas que os tornam candidatos atractivos para aplicações catalíticas e biológicas. Por exemplo, podem atuar como catalisadores de importantes reacções bioquímicas ou ligar-se a alvos biológicos específicos com elevada afinidade e seletividade. Os complexos de metais de transição também actuam como hetero-catalisadores na preparação de (derivados de pirazol-4-carbonitrilo, derivados de pirrol polifuncionalizados e derivados de dihidrotetrazolo[1,5-a]pirimidina) através de uma reação simples de um pote. A estratégia de síntese ecológica foi avançada através da análise da reutilização do catalisador em quatro ciclos consecutivos sem perda significativa da atividade catalítica. A nova síntese apresentou vantagens notáveis em termos de segurança, simplicidade, estabilidade, condições suaves, tempo de reação curto, excelentes rendimentos e utilização de solvente H_2O. Portanto, o objetivo optimizado nesta perspetiva visa predominantemente a construção de uma rede sobre os seus estudos espectroscópicos, biológicos, farmacêuticos e catalíticos estimulantes. Destacando este ponto os objetivos do presente trabalho são os seguintes:

- Preparação de ligandos derivados de tiazol-guanidina e estudo do seu comportamento de coordenação com iões metálicos Fe(III), Ni(II) e Pd(II)
- Caracterização dos compostos preparados através de diferentes ferramentas físico-químicas
- Estudo da atividade catalítica dos quelatos metálicos preparados como um meio verde e catalisador económico

Resumo

A complexação de iões metálicos com ligandos é um aspeto importante da química de coordenação. Neste estudo, sintetizámos três ligandos derivados de tiazol-guanidina, nomeadamente BSG, BSI e BSP, e investigámos a sua capacidade de formar complexos com iões Fe(III), Ni(II) e Pd(II). O ligando BSG foi sintetizado pela reação de (othro-aminothiophenol , cyano-guanidine) , o ligando (BSI) foi sintetizado pela reação de (BSG com acetato de bromo etilo) e o ligando BSP foi sintetizado pela reação de (BSG com acetona acetil). Os complexos foram preparados através da reação dos iões metálicos com os ligandos sob condições de refluxo numa razão molar de 1:2 no caso dos complexos de Fe(III) e Ni(II) e numa razão molar de 1:1 no caso do ião metálico Pd(II). Os complexos resultantes foram caracterizados utilizando várias técnicas analíticas, tais como espetroscopia UV-Vis, FT-IR, RMN, análise elementar, condutância molar, TGA, momento magnético e espetroscopia de massa. Os espectros UV-Vis dos complexos mostraram bandas de absorção caraterísticas, indicando a formação dos complexos. Os espectros de RMN dos complexos de Pd(II) mostraram a deslocação dos protões do ligando, indicando a coordenação dos iões metálicos com os ligandos. A análise termogravimétrica (TGA) foi executada para confirmar a presença de moléculas de água, bem como a caraterística mononuclear dos complexos isolados e indicou uma elevada estabilidade para todos os complexos testados. De igual modo, foram calculados parâmetros termocinéticos para todas as etapas de decomposição e foi proposta a presença de moléculas de água coordenadas e/ou de rede nos complexos testados. Os complexos de Pd(II) e Ni(II) têm uma natureza não electrolítica devido à ausência de quaisquer iões contrários nas suas estruturas, uma vez que as medições da condutância molar em soluções frescas de DMF se situam na gama 13-22,5 Q^{-1} cm^2 mol^{-1} , ao passo que os complexos de Fe(II) são um mono eletrólito (57,3-62,5 Q^{-1} mol^{-1} cm^2). Além disso, os dados analíticos obtidos relativamente à complexação em solução, à razão molar e aos métodos de variação contínua sugerem uma razão molar 1M: 2L para os complexos de Fe(III) e Ni(II), e 1M:1L para os complexos de Pd(II). Além disso, a constante de estabilidade dos complexos testados foi identificada no estado de solução e as constantes de formação (K_f) foram avaliadas aplicando o método de variação contínua. A estabilidade do complexo seguiu a sequência BSIFe > BSINi > BSGFe > BSPFe > BSGNi > BSPNi > BSIPd > BSGPd > BSPPd de acordo com os valores de K_f. O perfil de pH revelou que a ampla gama de estabilidade de pH dos complexos testados se situa em pH = 4-10 /11 na maioria deles.

O estudo computacional foi implementado para extrair caraterísticas significativas do Gaussion09, Pharmit link para ligandos e seus complexos. O intervalo de banda ótica, as caraterísticas electrofílicas e de eletronegatividade são parâmetros essenciais que reflectem caraterísticas específicas dos complexos, que podem ser promissores no campo catalítico. Além disso, o potencial catalítico foi também investigado na síntese de vários derivados utilizando métodos ecológicos. Os complexos testados revelaram-se catalisadores eficientes para a síntese num único local de derivados de (7 amino 4,5 dihidro tetrazolo [1,*5-a*] pirimidina -6- carbonitrilo, (5 amino 2 oxo -3,7- dihidro -2H- pirano [2,*3-d*] tiazol-6-carbonitrilo), derivados de 4,8 dihidro -7H- 5 thia 1,2,3,*3a*, 7,8 hexaaza-s-indacen-6-ona e derivados de 6 piperidina 1-il- 4,8 dihidro -5- thia- 1,2,3,*3a*,7,8-hexaaza-s-indaceno. O método de síntese one-pot utilizado neste estudo é uma abordagem de síntese ecológica que envolve a utilização de quantidades mínimas de solvente e a utilização de catalisadores para promover a reação. Os complexos testados revelaram-se eficazes na promoção da reação e na produção dos derivados desejados. A utilização de métodos ecológicos para a síntese dos derivados é um aspeto importante da química sustentável, uma vez que reduz a utilização de produtos químicos perigosos e minimiza a produção de resíduos. Os catalisadores de complexos de Pd(II) e Fe(III) foram selecionados para esta aplicação com base na história dos complexos de Pd(II) e Fe(III), bem como nas propriedades esperadas teoricamente. A utilização destes complexos como catalisadores em síntese orgânica pode levar ao desenvolvimento de métodos novos e eficientes para a síntese de vários compostos orgânicos, que podem ter aplicações potenciais em química medicinal, ciência dos materiais e outros domínios. Os complexos sintetizados foram comparados com vários catalisadores de ácidos e bases de Lewis, incluindo o ácido p-toluenossulfónico (PTSA), MnO_2, $PdCl_2$, $Pd(OAc)_2$, $FeCl_3.6H_2O$, p-TsOH e brometo de tetrabutilamónio (TBABr) e verificou-se que os complexos eram catalisadores mais eficientes para a síntese dos derivados alvo. A utilização dos complexos sintetizados como catalisadores resultou em rendimentos mais elevados e tempos de reação mais curtos em comparação com os outros catalisadores. Os catalisadores de complexos de Pd(II) mostraram superioridade em todos os ensaios com alto rendimento, tempo curto e condições ecológicas (solvente H_2O ou $H_2O/EtOH$). Para além da otimização das condições de reação e do potencial catalítico, foi também investigada a recuperação e reutilização do heterocatalisador sintetizado. O objetivo era determinar a viabilidade de utilizar o catalisador várias vezes e avaliar a sua estabilidade e eficiência ao longo de vários ciclos. A recuperação do hetero-catalisador foi bem sucedida, e verificou-se que o catalisador podia ser reutilizado até seis vezes com a mesma eficiência. Após seis ciclos, a eficiência do catalisador foi reduzida. O estudo DFT foi também aplicado para explicar as causas subjacentes à superioridade dos complexos de Pd(II) no que respeita ao seu valor de intervalo de energia. O intervalo de energia é uma propriedade eletrónica importante que determina a capacidade de um catalisador para transferir electrões. Os valores de gap de energia dos complexos de Pd(II) sintetizados foram baixos, o que permitiu uma transferência eficiente de electrões e uma atividade catalítica. O uso de cálculos DFT em combinação com investigações experimentais fornece uma compreensão abrangente das propriedades e aplicações potenciais dos complexos sintetizados e pode levar ao desenvolvimento de catalisadores mais eficientes e sustentáveis para a síntese orgânica. Além disso, o processo de otimização dos compostos intermédios que podem aparecer no ciclo catalítico foi executado para diferenciar as suas estabilidades, para apoiar o mecanismo sugerido. Finalmente, o desenvolvimento de um procedimento catalítico simples, económico e ecológico é muito promissor para uma potencial aplicação em várias indústrias no futuro. A utilização da catálise é crucial para aumentar a eficiência das reacções químicas, reduzir o consumo de energia, minimizar a produção de resíduos e promover a sustentabilidade.

1 Introdução

As guanidinas, compostos em forma de Y de fórmula geral $R^1 N= C (N R^2 R^3) (N R^4 R^5)$ (R^{1-5}= H, alquilo, arilo) são moléculas orgânicas muito atractivas em diferentes ramos da Química, explorando o seu carácter altamente básico ou a estabilidade dos seus catiões guanidínio [**Ishikawa et al., 2006; Ishikawa et al., 2009**], em que a carga positiva pode ser deslocalizada sobre os três átomos de azoto, e que estão envolvidas em muitos processos biológicos. Por exemplo, várias enzimas que contêm o aminoácido arginina tiram partido da presença do grupo funcional da cadeia lateral guanidínio para a fixação de diversos substratos **[Kim et al., 2021]**. Da mesma forma, a facilidade de formar ligações de hidrogénio muito estáveis permite a utilização de guanidinas como organocatalisadores em reações, tais como reações de Diels-Alder, reações de adição, captura de CO_2 e transformação em produtos valiosos ou polimerizações de abertura de anel de lactonas e lactídeos, mesmo com o controlo adequado da enantioseletividade **[Pratt et al., 2014; Mes^as et al., 2019; Claver et al., 2020]**. De notar que o esperado carácter doador destes derivados e das suas formas aniónicas, os guanidinatos, conduziu a uma nova e crescente classe de complexos metálicos. Embora exista um número significativo de exemplos em que as guanidinas actuam como ligandos neutros, as formas monoaniónicas excedem as formas neutras ou dianiónicas em exemplos, sendo a N,N'-quelação de longe o modo de coordenação mais encontrado. A principal caraterística destes ligandos quelantes guanidinatos monoaniónicos é a flexibilidade eletrónica na coordenação com centros metálicos devido à grande deslocalização eletrónica através da sua estrutura.

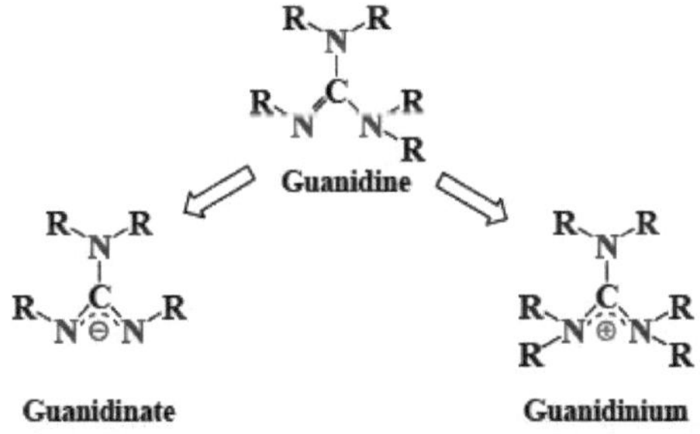

Guanidine

Guanidinate

Guanidinium

Estruturas gerais das guanidinas, dos guanidinatos e do catião guanidínio

Este, por sua vez, proporciona estabilização a uma grande variedade de centros metálicos ao longo da tabela periódica, em diferentes estados de oxidação. Vale ressaltar que o grande interesse no estudo desses compostos proporciona uma ampla paleta de métodos sintéticos, envolvendo tanto processos estequiométricos quanto catalíticos **[Alonso et al., 2014; Tahir et al., 2015]**. Desde que os compostos metálicos baseados nesses ligantes foram relatados pela primeira vez em 1970 **[Chandra et al., 2005]**, eles mostraram grande promessa para aplicações em catálise e ciência dos materiais. Em particular, os ligantes guanidinato foram investigados como uma alternativa interessante aos ligantes clássicos, como o ciclopentadienil. Uma modificação adequada das propriedades estéricas destes ligandos pode também desempenhar um papel importante nas aplicações comentadas destes complexos. As guanidinas modificadas, quer os derivados de biguanida de cadeia aberta, como nas fórmulas **Ia e Ib**, quer os compostos de guanidina cíclica fundida, como nas fórmulas **IIa e IIb**, deram um grande contributo nos domínios da química industrial e medicinal. Devido à sua estrutura e propriedades químicas únicas, as guanidinas têm sido amplamente utilizadas em vários domínios, como a medicina, a agricultura e a ciência dos materiais. Além disso, estas guanidinas modificadas são compostos muito ricos em electrões, o que as torna susceptíveis de reagir ativamente com diferentes iões metálicos, reagentes e compostos deficientes em electrões.

Ia Ib IIa IIb

Além disso, as guanidinas têm atraído muita atenção, para além da sua conhecida aplicabilidade como esponjas protónicas super básicas [**Ishikawa et al., 2010**]. Uma aplicação particularmente interessante das guanidinas é a sua capacidade de formar complexos metálicos, que têm sido estudados pelas suas actividades catalíticas e biológicas. Os complexos metálicos de guanidina apresentam diversas actividades catalíticas, incluindo a catálise de reacções orgânicas, polimerização e reacções de oxidação. Além disso, têm demonstrado actividades biológicas promissoras, tais como propriedades antibacterianas, antivirais e anticancerígenas. De fato, descobriu-se que as guanidinas são excelentes ligantes doadores de N devido à capacidade de deslocalizar uma carga positiva sobre a porção de guanidina, comportamento que leva a compostos fortemente básicos e altamente nucleofílicos com uma capacidade aprimorada de coordenar íons metálicos [**Selig et al., 2017; Stanek et al., 2017; Dong. et al., 2018**]. Consequentemente, os ligandos do tipo biguanidina têm sido utilizados para a preparação de catalisadores heterogéneos altamente activos em combinação com metais de transição, que podem ser capazes de promover diferentes tipos de reacções orgânicas. A introdução de diferentes substituintes pode modular a basicidade/ nucleofilicidade das biguanidinas, a sua capacidade de coordenação e, consequentemente, as propriedades electrónicas e estéricas dos seus complexos metálicos, regulando assim a sua atividade catalítica. Desta forma, é possível controlar as quimio, regio e enantio-selectividades de uma dada reação. Foram publicadas excelentes revisões recentes sobre o papel dos complexos metálicos de biguanidina na química bioinorgânica e sobre a utilização de complexos de guanidina em reacções catalisadas por metais [**Abu-Dief et al., 2023 a-c; El-Remaily et al., 2023 a**]. Em primeiro lugar, os complexos metálicos de guanidina têm sido estudados pelas suas actividades catalíticas em várias reacções orgânicas. Por exemplo, têm sido utilizados como catalisadores nas reacções entre vários componentes, as reacções multicomponentes (RMC) facilitam a formação de ligações variáveis num processo de uma só etapa em química sintética. As reações multicomponentes catalisadas por metais desempenharam um papel vital para a síntese de uma variedade de compostos heterocíclicos com procedimentos de trabalho simples e fáceis, bem como altos rendimentos de produtos isolados [**El-Remaily, et al., 2019 a-c; El- Remaily et al., 2020 b; Ahmed et al., 2021; El-Remaily et al., 2021 a-d ;El-Remaily et al., 2023 a**]. Além disso, as reacções multicomponentes catalisadas por complexos metálicos são processos altamente quimio-selectivos, flexíveis, convergentes e de economia de átomos. Em geral, o conceito de reacções multicomponentes consiste em substituir os processos químicos perigosos e tóxicos pela realização de reacções através de métodos ecológicos.

1.1 Atividade catalítica dos complexos metálicos

1.2 Antecedentes da química verde nas MCR

As reacções multicomponentes (RMC) são reacções sintéticas que envolvem a reação simultânea de três ou mais materiais de partida para produzir um único produto. Os princípios da química verde podem ser aplicados às MCRs para minimizar o seu impacto ambiental e melhorar a sua sustentabilidade. No contexto das MCRs, os princípios da química verde podem ser aplicados de várias formas. Por exemplo, a utilização de materiais de base que sejam renováveis, não tóxicos e que tenham um impacto mínimo no ambiente. Os materiais de base renováveis são aqueles que provêm de fontes sustentáveis e podem ser reabastecidos ao longo do tempo. Ao utilizar materiais de base renováveis, podemos reduzir a nossa dependência dos combustíveis fósseis e criar um futuro mais sustentável. Os materiais de base não tóxicos são aqueles que têm um impacto mínimo na saúde humana e no ambiente. Ao utilizar materiais de base não tóxicos, podemos reduzir o risco de exposição a químicos nocivos e criar um ambiente de trabalho mais seguro para os químicos e outros trabalhadores. Além disso, a utilização de solventes não tóxicos, não inflamáveis e biodegradáveis, como a água, o etanol e os óleos vegetais. Estes solventes podem ser utilizados numa vasta gama de reacções químicas e podem frequentemente ser utilizados como alternativas aos solventes orgânicos tradicionais. Além disso, com o desenvolvimento de reacções multicomponentes (MCR) que requerem menos etapas de reação e produzem menos resíduos, podemos reduzir o impacto ambiental dos processos químicos. Isto porque menos etapas de reação significam menos consumo de energia e menos matérias-primas necessárias, enquanto menos resíduos significam menos poluição e um ambiente mais limpo é um aspeto importante da química verde. A literatura refere vários exemplos de MCR ecológicos. Por exemplo, uma reação de condensação altamente eficiente de um pote de três componentes de 3-acetil cumarina, aldeídos aromáticos e 5-aminotetrazol em condições de reação verdes e suaves, utilizando ácido acético (AcOH) como catalisador e solvente para produzir 3-(5-Fenil-4,5-dihidrotetrazolo[1,5- a]pirimidina-7-il)-2H-cromen-2-ona [**Ahmed et al., 2022**].

Síntese de 3-(5-Fenil-4,5-di-hidrotetrazolo[1,5- a]pirimidin-7-il)
-2H-cromen-2-um por protocolo benigno

[El-Remaily et al., 2020 a] mostraram que a síntese química multicomponente pode ser convertida num processo contínuo sem solventes utilizando a extrusão de parafuso duplo (TSE). A reação Ugi foi realizada com êxito em condições sem solventes utilizando a EET. Os rendimentos obtidos foram mais elevados do que os obtidos com as técnicas clássicas. Não só se obtiveram rendimentos mais elevados para os produtos, como também se alcançou um grau de pureza mais elevado do que os obtidos com os métodos supramencionados. Por conseguinte, foi necessária uma menor purificação. Este estudo relatou um processo amigo do ambiente com um tempo de reação muito curto para a síntese orgânica

Método Verde para a Reação de Ugi Sintética por Extrusão de Parafuso Duplo sem
Solvente e Catalisador

Além disso, a reação de Passerini, que envolve a reação de um isocianeto, um aldeído e um ácido carboxílico para produzir a-aciloxiamidas, pode ser realizada em condições sem solventes, reduzindo ainda mais o impacto ambiental da reação e da reação de Ugi, que pode ser realizada em condições suaves e na ausência de solventes, tornando-a uma alternativa mais ecológica às rotas sintéticas tradicionais. Outro aspeto fundamental da química verde nas MCR é o enfoque na conceção de reacções que utilizem menos energia e gerem menos resíduos. Isto pode ser conseguido através do desenvolvimento de MCRs que sejam altamente eficientes e selectivas, o que significa que requerem menos passos de reação e produzem menos subprodutos. Ao centrarem-se na utilização de matérias-primas renováveis e não tóxicas, na redução dos resíduos e do consumo de energia e na utilização de solventes ecológicos, as MCR ecológicas podem contribuir para o desenvolvimento de uma indústria química mais sustentável. Sem dúvida! Outro aspeto importante da química verde nas MCR é o desenvolvimento de catalisadores que sejam eficientes, selectivos e benignos para o ambiente. Os catalisadores são substâncias que facilitam as reacções químicas sem serem consumidas no processo, e podem ter um impacto significativo na sustentabilidade dos processos químicos Os catalisadores desempenham um papel fundamental nas reacções químicas, reduzindo a energia de ativação necessária para que a reação ocorra. Isto pode aumentar a taxa de reação, reduzir a energia necessária e melhorar a seletividade da reação. A química verde tem como objetivo desenvolver catalisadores que sejam sustentáveis, seguros e amigos do ambiente. Isto inclui a utilização de catalisadores feitos a partir de recursos renováveis, biodegradáveis e não tóxicos. Ao desenvolver tais catalisadores, podemos reduzir o impacto dos processos químicos no ambiente e na saúde pública. Os catalisadores eficientes são aqueles capazes de promover reacções com elevada seletividade e com um mínimo de resíduos. Estes catalisadores podem ser utilizados para reduzir o número de passos de reação necessários numa síntese, conduzindo a uma maior eficiência e a um menor consumo de energia. Os catalisadores selectivos são aqueles que promovem uma via de reação específica e minimizam as reacções laterais indesejadas. Isto pode levar a rendimentos mais elevados e a menos subprodutos, reduzindo os resíduos e aumentando a sustentabilidade do processo químico. Por exemplo, a reação em cascata catalisada por ouro(I) para a síntese estéreo-selectiva de derivados de indeno[1,2- b]cromeno contendo enxofre ou selénio a partir de o-(alquinil) estirenos substituídos na ligação tripla por um grupo tio- ou seleno-arilo [**Virumbrales et al., 2022**].

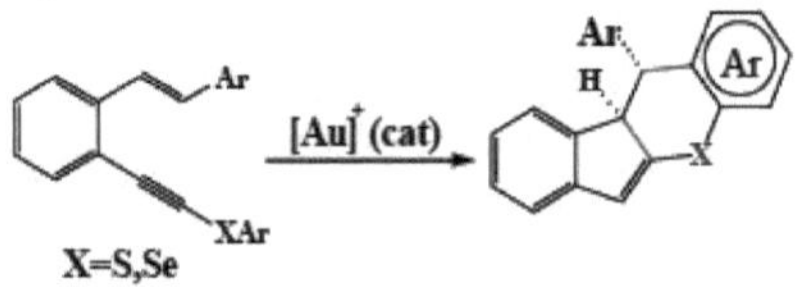

Descreve-se a reação em cascata catalisada por ouro(I) para a síntese estéreo-selectiva de derivados de indeno [1,2-b] cromeno contendo enxofre ou selénio a partir de o-(alquinil) estirenos substituídos na ligação tripla por um grupo tio ou seleno-arilo. As nanopartículas podem servir como catalisadores eficazes em reacções de síntese ecológica devido à sua elevada área de superfície, reatividade e atividade catalítica sintonizável. A síntese verde refere-se à utilização de métodos e materiais amigos do ambiente na síntese de vários compostos. Uma das vantagens da utilização de nanopartículas como catalisadores na síntese verde é o facto de poderem ser sintetizadas utilizando métodos sustentáveis, tais como protocolos de química verde, que envolvem a utilização de recursos renováveis e solventes não tóxicos. Para além disso, as nanopartículas podem ser facilmente recuperadas e reutilizadas, o que conduz a uma redução dos resíduos e a um aumento da eficiência. Algumas

das nanopartículas habitualmente utilizadas como catalisadores em reacções de síntese ecológica incluem nanopartículas de ouro, nanopartículas de prata,
nanopartículas de ferro
e nanopartículas de dióxido de titânio. Estas nanopartículas têm sido utilizadas em várias reacções de síntese ecológica para produzir uma vasta gama de compostos, incluindo produtos farmacêuticos, produtos químicos finos e materiais. Por exemplo, a síntese verde de nanopartículas de TiO_2 como um catalisador heterogéneo eficiente com alta reutilização para a síntese de derivados de 1,2-dihidroquinolina [**El-Remaily et al., 2019 a]**

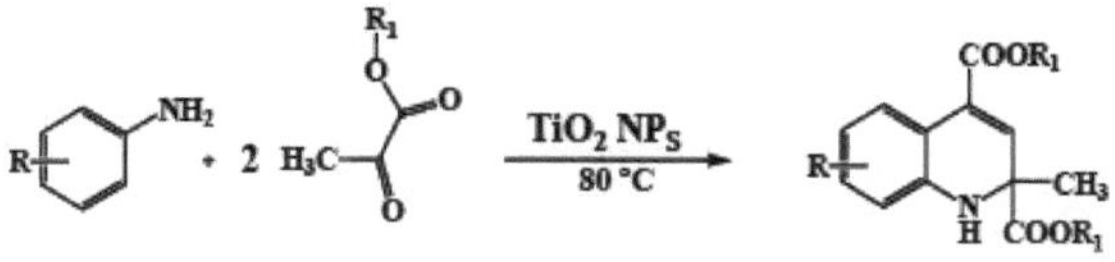

Síntese ecológica de nanopartículas de TiO2 como um catalisador heterogéneo eficiente com elevada

reutilização para a síntese de derivados de 1,2-dihidroquinolina

[El-Remaily et al., 2016] Uma síntese robusta de nano catalisador magnético altamente estável CoFe2O4 foi apresentada usando um processo combinado de hidrotermal e co-precipitação. É usado como um nano catalisador eficiente e ecológico com tamanho médio de partícula de 15 nm para reações orgânicas. Além disso, as propriedades magnéticas tornam possível a recuperação completa do catalisador por meio de um
campo magnético e pode ser reutilizado até cinco vezes sem qualquer perda significativa da atividade catalítica inicial. Estas vantagens tornam-se ainda mais atractivas se estas reacções puderem ser conduzidas em meios aquosos

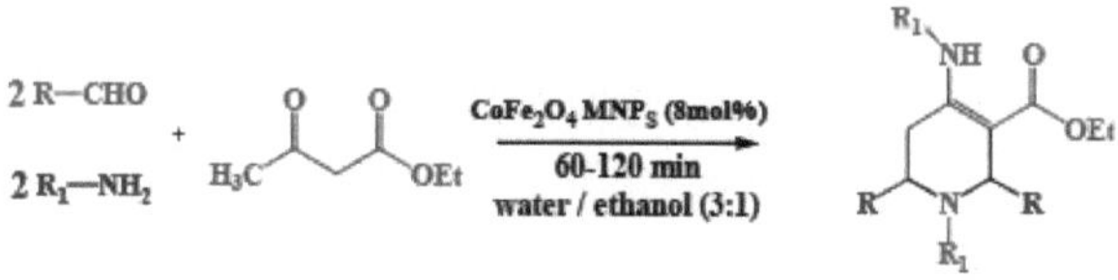

Uma síntese robusta e caraterização de nanopartículas super paramagnéticas de $CoFe_2O_4$ como catalisador eficiente e reutilizável para a síntese ecológica de alguns anéis heterocíclicos Os catalisadores ambientalmente benignos são aqueles que têm um impacto mínimo no ambiente e na saúde pública. Estes catalisadores podem ser facilmente eliminados e não contribuem para a poluição do ar ou da água. Os catalisadores ecológicos para os MCR podem ser baseados numa variedade de materiais, incluindo metais, compostos orgânicos e enzimas. Por exemplo, os catalisadores à base de metais, como o ferro ou o paládio, podem ser utilizados para promover a MCR em condições suaves e com elevada seletividade. Nalguns casos, estes catalisadores à base de metais podem ser suportados em materiais amigos do ambiente, como a celulose ou a sílica, para melhorar a sua sustentabilidade. Os catalisadores bio-orgânicos, como a cisteína ou os imidazóis, podem também ser utilizados em MCR para promover reacções em condições moderadas e com elevada seletividade. Por exemplo, um catalisador bio-orgânico verde e ecológico e derivados de 3,4-dihidropirimidina-2(1H)-onas/tiões de baixo custo foram sintetizados utilizando um método sintético de alto rendimento através de um processo de três componentes num único frasco entre 4-formilfenil-4-metilbenzeno sulfonato, tioureia ou ureia e acetoacetato de etilo ou acetilacetona sob irradiação de micro-ondas em meio aquoso de água e etanol (proporção 3:1) como solvente verde na presença de cisteína como um novo catalisador bio-orgânico verde **[Elkanzi et al., 2022 b]**.

15 mol% cysteine

3-5 min, MW, aqueous medium

X=O,S

Catalisador verde bioativo e recuperável - sem solventes orgânicos perigosos - sem cromatografia

purificação simples

Estes catalisadores são frequentemente derivados de fontes naturais e podem ser mais benignos para o ambiente do que os seus homólogos à base de metal. As enzimas são outro tipo de catalisador que pode ser utilizado em MCRs. As enzimas são catalisadores biológicos que são altamente selectivos e podem funcionar em condições moderadas. No entanto, as enzimas podem ser caras e podem exigir um manuseamento especial para manter a sua atividade. Por exemplo, a reação de Hantzsch está intimamente relacionada com a reação de Biginelli, e ambas conduzem a duas estruturas com várias caraterísticas estruturais comuns: 1,4-DHP (Hantzsch) e 3,4-DHMP (Biginelli), partindo dos mesmos reagentes e em condições semelhantes. A utilização de enzimas como catalisadores nestas reacções abre novas possibilidades de acesso às duas estruturas em condições ecológicas. A formação de produtos racémicos nas duas MCRs e, na verdade, em muitas outras reacções, necessita de mais investigação para utilizar plenamente a seletividade da enzima

[Jumbam et al., 2020].

Ph–CHO + H_2N–CO–NH_2 + (acetoacetato de etilo) → Water, Catalyst → Hantzsch product (1,4-DHP) + Biginelli product (DHPM)

Catalyst:	Hantzsch product (1,4-DHP)	Biginelli product (DHPM)
Free urease	100%	0%
Immobilized urease	0%	100%

Efeito catalítico da urease livre e imobilizada, conduzindo a produtos de Biginelli e Hantzsch. DHP: 1,4-dihidropiridina e DHPM: 3,4-dihidropirimidina-2(1H)-ona Para além do desenvolvimento de catalisadores verdes, a otimização das condições de reação pode também desempenhar um papel na sustentabilidade dos MCR. De um modo geral, a síntese de heterociclos de seis membros contendo azoto utilizando um catalisador heterogéneo ligante-metal por métodos ecológicos envolve a utilização de materiais de partida não tóxicos e renováveis, solventes não perigosos e ligandos amigos do ambiente. Esta abordagem pode levar ao desenvolvimento de processos químicos mais sustentáveis e eficientes para a síntese de importantes compostos heterocíclicos.

1.2.1 Importância do complexo de metal de transição como catalisador

Os complexos de metais de transição têm sido amplamente utilizados como catalisadores em reacções multicomponentes (MCR) devido à sua elevada atividade catalítica e versatilidade. As MCR são reacções que envolvem a reação simultânea de três ou mais reagentes para formar um único produto numa única etapa. A utilização de complexos de metais de transição pode catalisar as MCR através de uma variedade de mecanismos, como a ativação do ácido de

Lewis, a adição oxidativa e a coordenação dos reagentes. Estes mecanismos podem levar a um aumento das taxas de reação, da seletividade e do rendimento. Uma das principais vantagens da utilização de complexos de metais de transição como catalisadores em MCRs é a sua capacidade de atuar como ácidos e bases de Lewis. Isto permite-lhes ativar e coordenar múltiplos reagentes em simultâneo, conduzindo à formação de várias moléculas orgânicas com elevada eficiência e seletividade. Os complexos de metais de transição também podem ser concebidos para serem altamente selectivos para uma via de reação específica, permitindo a formação de um produto desejado com uma formação mínima de subprodutos. Isto é conseguido através do controlo da geometria de coordenação, das propriedades electrónicas e do ambiente estérico do catalisador do complexo metálico. Além disso, os complexos de metais de transição têm sido extensivamente estudados e utilizados como catalisadores homogéneos em várias transformações orgânicas [**Bhaskaruni et al., 2020; El-Remaily, et al., 2019 a, b**]. No entanto, a utilização de complexos de metais de transição como catalisadores heterogéneos tornou-se uma área de investigação ativa nos últimos anos. A catálise heterogénea envolve o uso de catalisadores sólidos, que são tipicamente mais estáveis e mais fáceis de separar da mistura de reação do que os catalisadores homogéneos. Os catalisadores heterogéneos possuem uma série de boas caraterísticas, tais como estabilidade térmica, seletividade de forma, natureza ácida ou básica e sólido cristalino não tóxico. Além disso, o fácil manuseio e a reutilização dos materiais facilitam a introdução desses sistemas nas conversões orgânicas [**Maddila et al., 2022; El-Remaily et al., 2019 a, b**]. Além disso, o uso de complexos de metais de transição como catalisadores em MCRs pode promover os princípios da química verde, reduzindo a quantidade de resíduos gerados, aumentando a economia de átomos da reação e melhorando a reciclabilidade e reutilização do catalisador. Por exemplo, a utilização de complexos metal-ligante como catalisadores em MCRs permite a fácil separação e reciclagem do catalisador, reduzindo o impacto ambiental da reação. Os complexos de metais de transição podem atuar como catalisadores em MCRs fornecendo um local de coordenação para os reagentes, estabilizando os intermediários reactivos e facilitando a formação de novas ligações. Em muitos casos, os catalisadores de complexos de metais de transição podem também atuar como ácidos de Lewis e bases de Lewis, para além do seu papel de catalisadores. Isto deve-se ao facto de os complexos de metais de transição conterem orbitais d parcialmente preenchidos que podem interagir com dadores e aceitadores de electrões na reação. Esta interação pode levar à formação de complexos de coordenação, que podem atuar como ácidos ou bases de Lewis, dependendo das condições de reação. Como ácidos de Lewis, os catalisadores de complexos de metais de transição podem aceitar pares de electrões das bases de Lewis e polarizar as ligações químicas. Isto pode levar à ativação de substratos e à formação de intermediários reactivos, que podem depois sofrer outras reacções [**Takaya et al., 2021**]. As propriedades de ácido de Lewis dos catalisadores de complexos de metais de transição são frequentemente utilizadas numa variedade de reacções, incluindo as MCR, para promover a formação de intermediários e aumentar a seletividade da reação. Um exemplo de uma reação em que um catalisador de metal de transição actua como um ácido de Lewis é a reação de Diels-Alder. Nesta reação, um dieno reage com um dienófilo na presença de um catalisador ácido de Lewis, que é frequentemente um complexo de metal de transição. O catalisador ácido de Lewis pode coordenar-se com o dienófilo, polarizando a sua ligação dupla e tornando-o mais reativo em relação ao dieno. Esta interação entre o catalisador e o dienófilo é um exemplo das propriedades de ácido de Lewis do catalisador de metal de transição. Como bases de Lewis, os catalisadores de complexos de metais de transição podem doar pares de electrões aos ácidos de Lewis e estabilizar os intermediários reactivos. Isto pode ajudar a evitar reacções secundárias indesejadas e aumentar a eficiência da reação. As propriedades de base de Lewis dos catalisadores de complexos de metais de transição são frequentemente utilizadas numa variedade de reacções, incluindo MCRs, para promover a formação de intermediários estáveis e aumentar o rendimento da reação. Um exemplo de uma reação em que um catalisador de metal de transição actua como uma base de Lewis é a reação de Heck. Nesta reação, um halogeneto de arilo reage com um alceno na presença de um catalisador de paládio e de uma base, normalmente um ligando de fosfina. O catalisador de paládio actua como uma base de Lewis doando um par de electrões ao substrato de alceno, activando-o para a reação com o halogeneto de arilo **[Whitcombe et al., 2001]**. Uma classe comum de complexos de metais de transição utilizados em MCRs são os catalisadores de paládio, que podem catalisar uma variedade de MCRs, incluindo a reação de Ugi, a reação de Passerini, reacções de acoplamento cruzado, cicloadição e hidrogenações. Os catalisadores de paládio actuam normalmente como uma fonte de carbono electrofílico, que pode reagir com nucleófilos para formar novas ligações carbono-carbono e carbono-heteroátomo. Outros catalisadores de metais de transição que têm sido utilizados em MCRs incluem complexos de cobre, níquel, ferro e ruténio **[Tamatam et al., 2023]**. Estes catalisadores podem ativar uma gama de grupos funcionais, incluindo aldeídos, cetonas, nitrilos e aminas, permitindo a formação de novas ligações e a construção de arquitecturas moleculares complexas. A escolha do ligante também pode ter um impacto significativo na atividade catalítica do catalisador de complexo metálico. Por exemplo, os ligandos N-doadores são normalmente utilizados em reacções catalisadas por paládio, uma vez que podem estabilizar o catalisador de paládio e melhorar a sua atividade catalítica. Outros ligandos, como os carbenos N-heterocíclicos (NHC) e os ligandos fosfitos, também têm sido utilizados como ligandos em reacções catalisadas por metais, proporcionando uma elevada eficiência e seletividade. Em geral, a atividade catalítica dos complexos de metais de transição em MCRs é uma área importante de investigação em síntese orgânica. A utilização de complexos de metais de transição como catalisadores permite a síntese rápida e eficiente de moléculas orgânicas complexas, promovendo simultaneamente os princípios da química verde e reduzindo o impacto ambiental dos processos químicos.

1.2.2 Pesquisa bibliográfica sobre a preparação e caraterização de ligandos de tiazóis, guanidinas, imidazóis e pirimidinas e respectivos complexos

[Laverick et al., 2017] sintetizou e caracterizou completamente três ligandos à base de tiossemicarbazona e os correspondentes complexos de coordenação de Fe (III) e Co (III). A análise cristalográfica de todos os ligandos e complexos revelou ligações de hidrogénio interessantes e arranjos de empilhamento π. A suscetibilidade magnética e as medições EPR indicam que os complexos de Fe(III) se encontram no estado de baixo spin a partir de 4300 K. Os complexos apresentam uma estabilidade significativa em solução (com base em dados UV/vis e NMR) e o potencial para uma maior funcionalização. Esta estabilidade permite o processamento em solução e é ideal para o desenvolvimento de materiais supramoleculares avançados.

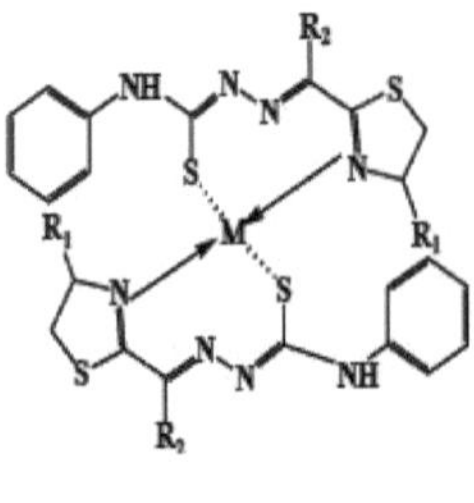

L_1-R_1 = R_2 = H

L_2-R_1 = Me, R_2 = H

L_3-R_1 = H, R_2 = Me

L1-R1 = R2 = H
L2-R1 = Me, R2 = H
L3-R1 = H, R2 = Me

As estruturas propostas para o complexo de Fe(III) ou Co(III)

[Zulu et al., 2019] sintetizaram complexos de Pd(II) [Pd(L1)ClMe] (1), [Pd(L1)Cl2] (2), [Pd(L2)ClMe] (3) e [Pd(L2)Cl2] (4) em rendimentos quantitativos pela reação de 2-[1-(3,5-dimetilpirazol-1-il)etil]piridina (L1)e2-[1-(3,5-difenilpirazol-1-yl)ethyl]pyridine (L2) com o [Pd (COD) Cl2] ou [Pd (COD)MeCl]. As estruturas no estado sólido dos complexos 1, 3 e 4 estabeleceram a formação de compostos mononucleares, contendo uma unidade de ligando bidentado por átomo de metal, para dar origem a complexos quadrados planares. Todos os outros dados de caraterização espectroscópica e análises elementares são consistentes com as estruturas observadas. Todos os complexos de Pd(II) deram origem a catalisadores activos na metoxicarbonilação de 1-octenos. Os catalisadores demonstraram uma quimio-seletividade de 100% para os ésteres e favoreceram a formação de isómeros lineares. As condições de reação, tais como o tipo de derivado de fosfina, o promotor ácido, o sistema de solventes, o tempo, a pressão e a temperatura, foram investigadas e demonstraram afetar tanto a atividade catalítica como a regio-seletividade dos catalisadores. A modelação do ângulo sólido estabeleceu as contribuições estéricas comparáveis dos ligandos, consistentes com as regiosselectividades semelhantes dos catalisadores resultantes.

Síntese de complexos de 2-(pirazolil-etil)-piridina Pd(II)

[Said et al., 2021] sintetizaram e analisaram cristalograficamente complexos de Cu(II) com três ligandos diferentes de guanidina tri-substituída. Todos os três complexos foram caracterizados utilizando técnicas analíticas e espectroscópicas. As análises de raios X de cristal único dos três complexos sintetizados mostraram que o complexo **1** em

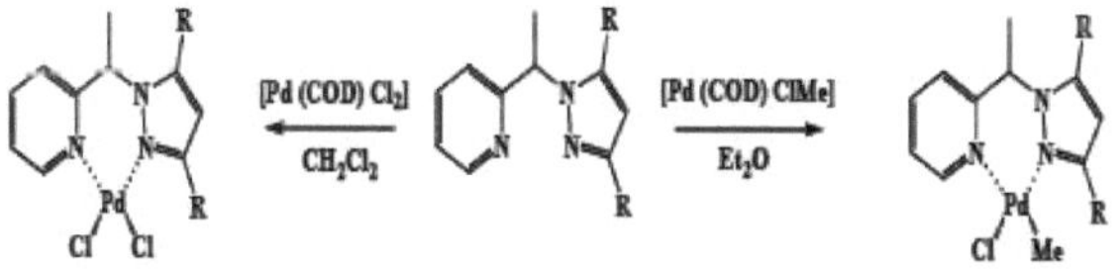

em contraste com os outros dois, apresenta uma geometria piramidal quadrada distorcida devido à coordenação do núcleo de N2O2 por uma fração metoxi numa posição axial. Os complexos **2** e **3** comportam-se de forma muito mais semelhante no seu estado cristalino com geometrias planares quadradas (ligeiramente) distorcidas envolvendo apenas conjuntos de dadores de N2O2. Verificou-se que as diferenças notáveis nos comprimentos das ligações Cu-N e, em menor grau, nos comprimentos das ligações Cu-O nos três complexos de cobre podem ser atribuídas ao substituinte no dador *N''*.

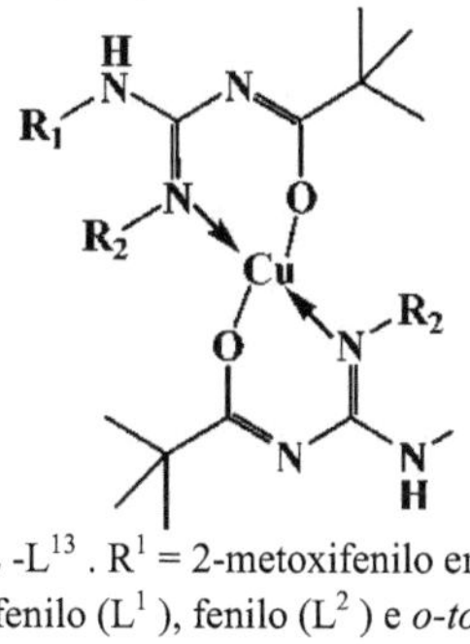

Complexos de Cu(II) de L -L[13] . R^1 = 2-metoxifenilo em todos os três casos, R^2 = 2-metoxifenilo (L^1), fenilo (L^2) e *o-tolilo* (L^3).

[Karmakar et al., 2021] mostraram que os ligandos à base de guanidina (L) sofrem uma reação fácil com $[\{Ru(p\text{-}cymene)Cl_2\}_2]$ para formar complexos catiónicos do tipo $[Ru(p\text{-}cymene)(L)\text{-}Cl]^+$. Este estudo revela também que os complexos são melhores ligantes do ADN do que os ligandos correspondentes não coordenados à base de guanidina, e o aumento observado na ligação do ADN é atribuível à planaridade imposta do ligando à base de guanidina após a coordenação ao ruténio, que lhe permitiu servir como um melhor intercalador. Os estudos de citotoxicidade também mostram uma tendência semelhante, sendo os complexos mais citotóxicos do que os ligandos não coordenados à base de guanidina, presumivelmente porque a formação de complexos leva a uma melhoria da absorção celular que permite que mais moléculas entrem nas células, mostrando maior citotoxicidade. Outro aspeto importante é o facto de, em comparação com as células cancerosas, os complexos serem significativamente menos tóxicos para as células normais, o que é mais proeminente no complexo C1. Isto deve-se provavelmente a uma maior absorção das moléculas do complexo pelas células cancerosas do que pelas células normais, uma vez que o sistema de transporte membranar das células cancerosas é mais ativo do que o das células normais ou benignas. Além disso, uma maior absorção de moléculas complexas gera mais espécies reactivas de oxigénio que conduzem a mais danos oxidativos no ADN, tal como observado pelo ensaio cometa. Este estudo demonstra também que a inclusão de ligandos à base de guanidina nos complexos de ruténio-areno, em particular no complexo C1, foi útil para a exibição de uma notável atividade antiproliferativa contra células cancerígenas com elevada seletividade e também para o rastreio conveniente dos complexos nas células devido à sua natureza emissiva proeminente. Vale a pena salientar que tais estudos envolvendo a modificação do ligando num único ponto (NH vs O vs S) são raros na literatura.

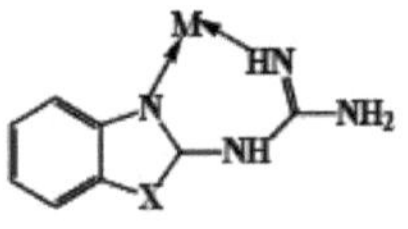

X = NH, O, S

[Rusanov et al., 2022], as biguanidas foram reconhecidas como bons ligandos bidentados doadores de N que formam complexos com praticamente todos os metais de transição. A metformina é um medicamento frequentemente utilizado na terapia e controlo da diabetes. É uma biguanida, que possui uma grande variedade de caraterísticas biológicas, tais como acções anticancerígenas, antibacterianas, antimaláricas, cardioprotectoras e outras. Investigações recentes revelam que o mecanismo de ação da metformina e dos seus análogos está relacionado com as suas caraterísticas de ligação a metais. Estas descobertas levaram-nos a resumir os dados existentes sobre as estratégias sintéticas e as propriedades biológicas de vários complexos metálicos com metformina e seus análogos. Demonstrámos que
A coordenação de biguanidas biologicamente activas a vários centros metálicos resultou frequentemente num perfil farmacológico melhorado, incluindo a redução da resistência aos medicamentos, bem como um espetro de atividade mais amplo. Além disso, a coordenação aos centros metálicos redox-activos, como o Au(III), permitiu várias estratégias de ativação, conduzindo à ativação selectiva dos pró-fármacos e à redução da toxicidade fora do alvo.

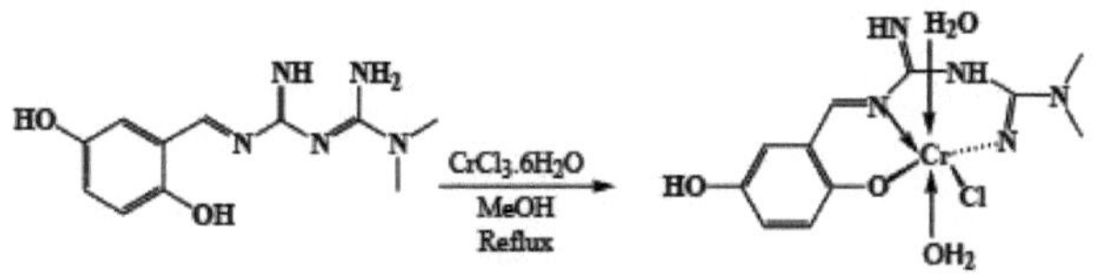

Rotas sintéticas para complexos de Cr(III) com bases de Schiff derivadas da metformina

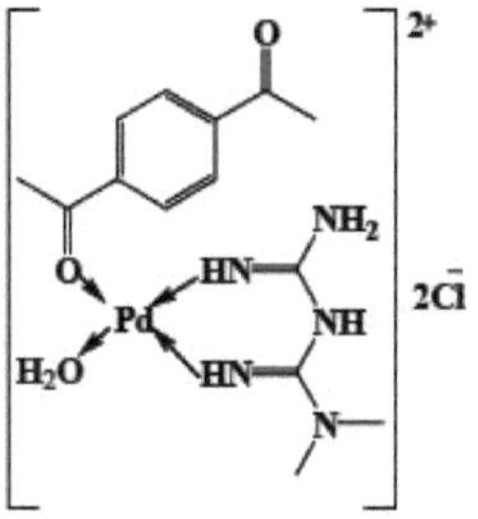

Estruturas químicas de complexos de Pd(II) com metformina e macrociclo derivado da metformina

1.2.3 Pesquisa bibliográfica sobre a utilização de complexos metálicos como catalisadores

[El-Remaily et al., 2016 b] utilizou um catalisador muito eficaz, o catalisador solúvel em água

complexo de Co(III) porfirina (CoTCPP), para produzir a substância natural fisiologicamente ativa

substância triptantrina. A reação foi precedida por uma variedade de anidrido isatónico e derivados de isatina em condições suaves em meio aquoso à temperatura ambiente. Excelentes rendimentos, tempos de reação rápidos e um catalisador recuperável foram as vantagens destes processos.

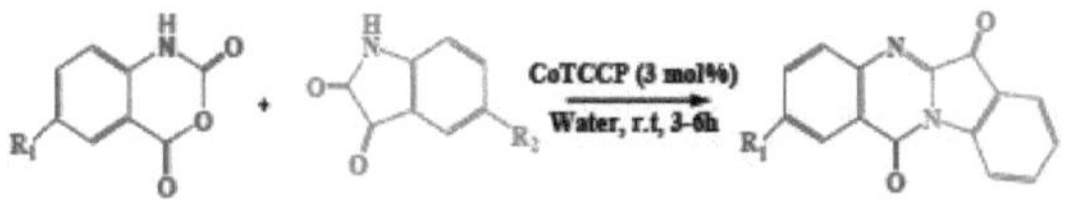

Síntese de derivados de triptantrina

[Nejad et al., 2018] utilizou um complexo de Ni (II) de ligante misto como um catalisador eficiente para a síntese de 2H-indazolo [2,1-b] ftalazina-trionas por meio de uma reação multicomponente. Verificou-se que o protocolo aqui proposto oferece várias vantagens, incluindo simplicidade operacional, rendimentos elevados, procedimento amigo do ambiente e condições de reação limpas. A reação de benzaldeído, hidrato de hidrazina, dimedona e anidrido ftálico na presença de [Ni(L)(imi)] como catalisador foi conduzida em diferentes solventes. Verificou-se que o rendimento mais elevado e o tempo de reação mais curto foram obtidos quando se utilizou ácido acético como solvente.

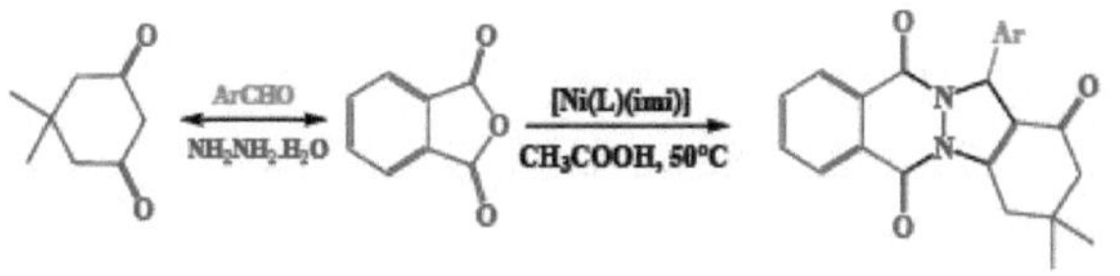

Síntese de quatro componentes de 2H-indazolo[2,1-b] ftalazina-trionas.

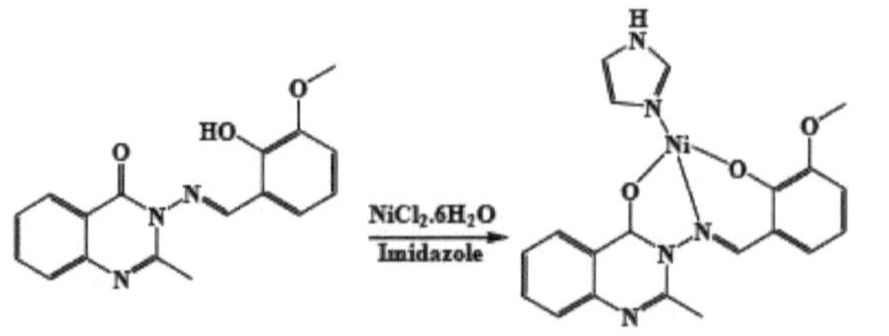

Diagrama esquemático dos processos de complexação.

[Gangu et al., 2017] construíram dois complexos de coordenação mononucleares, a saber, [Co(4,5-Imdc)2 (H_2 Ob] e [Cd(4,5-Imdc)2(H2O)3]-H2O usando sais metálicos de Co(II) e Cd(II) com ácido 4,5-Imidazoledicarboxílico (4,5-Imdc) como ligante orgânico. Os dois complexos foram caracterizados estruturalmente por XRD monocristalino e os resultados revelam que [Co(4,5-Imdc)2 (H2O)2] pertence ao grupo espacial P21/n com parâmetros de célula unitária [a = 5,0514(3) A, b = 22.5786(9) A, c = 6.5377(3) A, B = 111.5°] enquanto que, [Cd(4,5- Imdc)$_2$ (H_2 O)$_3$ pH_2 O pertence ao grupo espacial P21/c com parâmetros de célula unitária [a = 6.9116(1) A, b = 17.4579(2) A, c = 13.8941(2) A, B = 97.7°]. Enquanto o Co(II) no [Co(4,5-Imdc)2 (H2O)2] apresentou uma geometria de coordenação seis com o 4,5-Imdc e moléculas de água, o ião Cd(II) no [Cd(4,5-Imdc)$_2$ (H_2 O)$_3$ pH_2 O apresentou uma coordenação sete com o mesmo ligando e solvente. Em ambos os complexos, as interações de ligação de hidrogénio com a unidade mononuclear geraram estruturas 3D-supramoleculares. Ambos os complexos apresentam uma emissão fluorescente no estado sólido à temperatura ambiente. A eficácia de ambos os complexos como catalisadores heterogéneos foi examinada na síntese ecológica de seis derivados de pirano[2,3,c]pirazol com etanol como solvente através de uma reação num único frasco entre quatro componentes, uma mistura de aldeído aromático, malononitrilo, hidrato de hidrazina e dimetilacetilenodicarboxilato. Ambos os complexos produziram pirano [2, 3,c]pirazóis em rendimentos impressionantes (92- 98%) à temperatura ambiente num curto intervalo de tempo (< 20min), sem necessidade de qualquer separação cromatográfica. Com boa estabilidade, facilidade de preparação e recuperação e reutilização até seis ciclos, ambos os complexos provam ser excelentes catalisadores amigos do ambiente para a produção de transformações orgânicas utilizando princípios ecológicos.

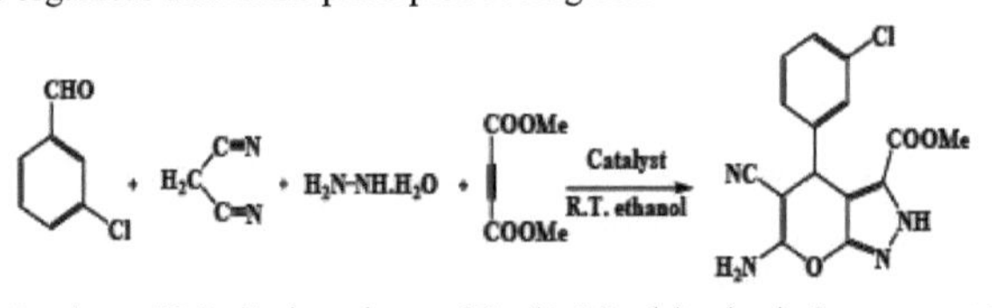

Síntese da porção pirano [2,3-c] pirazol com [Co (4,5-Imdc) 2 (H2O) 2] como catalisador **[Rani et al., 2019]** utilizou SO3Cu-carbono para ser um catalisador reciclável eficiente para o MCR de uma reação aquosa mediada por 'clique' de epóxidos, azida de sódio e alcinos terminais para a síntese de e-hidroxi1,2,3-triazóis. A síntese em duas etapas de e-hidroxi1,2,3-triazóis ocorre através da formação de álcoois 2-azido a partir de azida de sódio e epóxidos. A formação de azida orgânica [R-N3] é o passo chave nesta reação de clique. Eventualmente, não foram observados vestígios da formação do triazol correspondente, mesmo após 24 h de período de reação, quando a reação foi realizada com catalisador de SO3H-carbono e também sem catalisador de Cu em condições de reação semelhantes. Estes resultados confirmam o papel essencial do cobre no catalisador SO3Cu-carbono na reação de "clique" para a formação de triazóis.

SO_3 Síntese de três componentes catalisada por Cu-Carbono de e-hidroxi1,2,3-triazóis

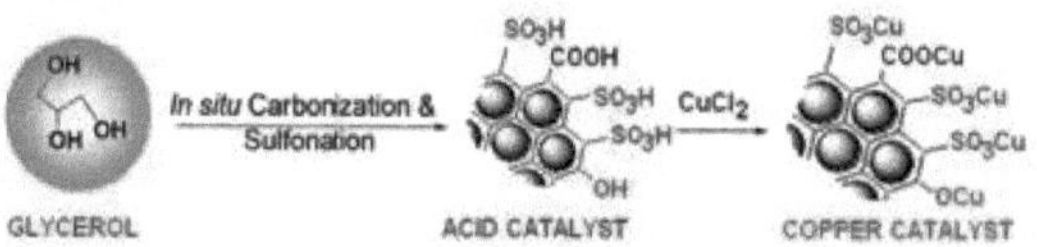

Preparação do catalisador SO3Cu-carbono

[El-Remaily et al., 2021a] foram preparados e caracterizados três complexos de tiazóis para estabelecer as suas formas químicas. O ligante comportou-se como um bidentado neutro em relação ao átomo central mononuclear (razão molar 1:1) dentro dos complexos. O complexo de Pd (II) foi desenvolvido com sucesso por um método fácil e eficiente para a síntese de derivados de pirazol-4-carbonitrilo utilizando irradiação ultra-sónica. Isto foi conseguido por reação de aldeído aromático 1 (1 mmol), malononitrilo 2, e fenil-hidrazina 3 na presença de catalisador por irradiação ultra-sónica em condições suaves. A atividade catalítica de MATYPd em uma abordagem de reação de três componentes para a aromatização de derivados de pirazol- 4-carbonitrila foi alcançada pela maneira verde (em H_2O). A maior atividade catalítica do complexo é atribuída à sua elevada acidez e tolerância à água. Além disso, a superioridade da utilização de MATYPd para a síntese de pirazóis é comparada com outros ácidos de Lewis e bases de Lewis. Todas as reacções foram realizadas em H_2O no espaço de 15-30 minutos para obter os produtos com rendimentos elevados a excelentes. Os parâmetros computacionais confirmaram as propriedades do complexo de Pd(II), que pode ser eficaz na aplicação catalítica devido ao seu reduzido intervalo de banda ótica e electrofilicidade. O mecanismo do processo catalítico foi sugerido e apoiado pelo método DFT/B3LYP. Este procedimento simples, económico e ecológico pode ser aplicado à indústria no futuro.

Catalisadores para a síntese de derivados de pirazol-4-carbonitrilo sob ultra-sons Condição de irradiação

[El-Remaily et al., 2021b] desenvolveu um eficiente Pd(II) ARPTPd para catalisar a reação multicomponente de um pote (MCR) de derivados de dihidrotetrazolo[1,5-a]pirimidina usando uma variedade de aldeídos (aromáticos, alifáticos e heteroaromáticos), azida de sódio, ciano guanidina e substratos de metileno ativo, como acetoacetato de etila. Esta reação prossegue suavemente e obteve excelentes rendimentos (90-98%) utilizando água como solvente verde por condição de irradiação ultra-sónica. Os produtos obtidos foram confirmados por ^{1} H,^{13} C NMR. O MCR one-pot ocorre através de que 5-aminotetrazole foi produzido na presença de catalisador ARPTPd por irradiação ultra-sónica por condensação de cianamida com azida de sódio. O aceitador de Michael a,B-insaturado foi formado por condensação de Knoevenagel a partir de outra reação paralela de benzaldeído e acetoacetato de etilo. Em seguida, o intermediário foi formado a partir de uma adição nucleofílica de

Michael para 5- aminotetrazol. Finalmente, seguiu-se a adição nucleofílica intramolecular do grupo NH2 do tautómero de enamina ao segundo grupo ceto CO, para dar o produto alvo após a libertação da molécula de H2O.

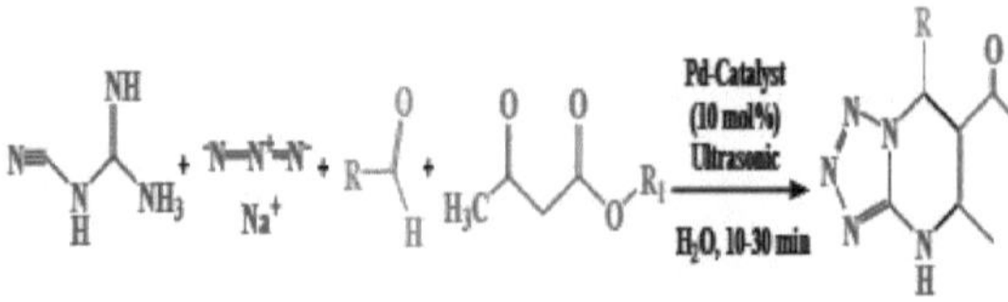

Complexo de Pd(II) (ARPTPd) como catalisador ecológico na síntese fácil de um pote para moléculas híbridas de dihidrotetrazolo[1,5-a]pirimidina-6-ésteres carboxílicos utilizando irradiação ultra-sónica

[El-Remaily et al., 2021 c] prepararam novos complexos de Fe(III), Cu(II) e Pd(II) a partir de derivados de tiazóis. Estes complexos foram deliberadamente caracterizados por todas as técnicas analíticas, espectrais e teóricas possíveis. Depois disso, as suas fórmulas químicas foram verificadas. Os dados espectrais confirmam um modo de ligação bi-dentada neutra em todos os complexos. Os complexos foram sugeridos em geometria octaédrica, exceto o complexo de Pd(II) que se encontra numa configuração quadrada planar. A análise conformacional e a eficiência de contacto no interior do empacotamento cristalino dos complexos oferecem caraterísticas físicas importantes que discriminam o complexo de Pd(II) dos outros dois. A utilização do complexo de Pd(II) no processo hetero-catalítico é a principal aplicação visada neste estudo. O complexo revelou um comportamento catalítico distinto na síntese one-put de derivados de pirróis polissubstituídos utilizando irradiação ultra-sónica. O seu sucesso foi controlado pela utilização de condições suaves na estratégia verde. Os produtos visados foram obtidos num curto espaço de tempo com elevado rendimento e o catalisador foi facilmente recuperado e reutilizado muitas vezes até cinco vezes com a mesma eficiência. O mecanismo do processo catalítico foi sugerido e apoiado por bases teóricas.

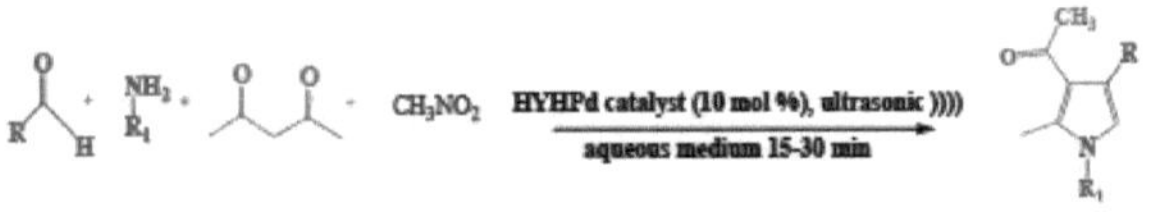

Síntese de derivados de pirrol polissubstituídos e o papel catalítico do HYHPd

[Eshkevari et al., 2021] MIL-101(Cr) MOF como um catalisador nanoporoso e heterogéneo eficiente para a síntese de derivados de pirido [2,3-d:5,6-d0]dipirimidina em condições sem solventes, oferecendo uma diversidade molecular perfeita e um elevado nível de eficiência atómica com poupança de energia num único passo de reação. O HMTA- BAIL@MIL-101(Cr) actua como um ácido de Bronsted e aumenta a electrofilicidade do grupo carbonilo no aldeído através da libertação de protões. Em primeiro lugar, o ácido barbitúrico reage com aldeídos aromáticos para criar um produto de condensação padrão de Knoevenagel. A adição subsequente do tipo Michael do 6-aminouracilo com o produto de Knoevenagel após a ciclização fornece o produto intermédio que dá o produto desejado na desidratação.

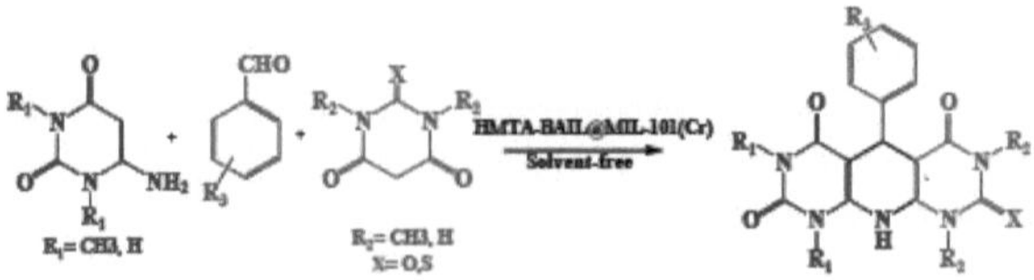

Síntese de derivados de pirido[2,3-d:5,6-d0]dipirimidina utilizando HMTA-BAIL@MIL-101(Cr) em condições sem solventes.

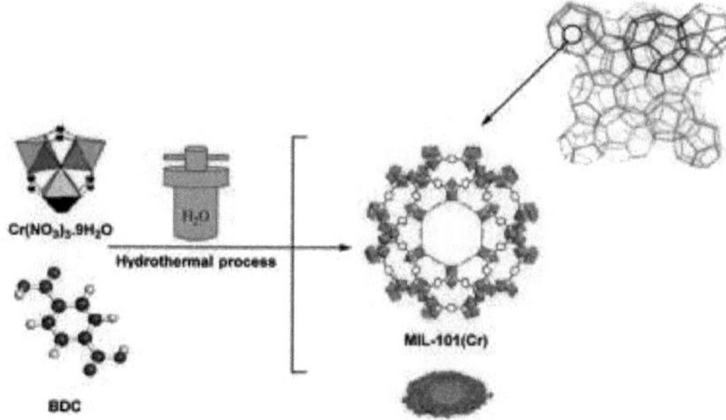

Preparação de MIL-101(Cr)

2 Experimentais

1.3 Resumo

Este capítulo fornece uma visão geral dos procedimentos e métodos experimentais utilizados na investigação de ligandos e seus complexos. Os reagentes utilizados no estudo foram cuidadosamente selecionados para garantir resultados de elevada qualidade. A preparação dos ligandos e dos seus complexos foi efectuada utilizando vários procedimentos, incluindo técnicas de refluxo, agitação e precipitação. Os ligandos e os seus complexos foram caracterizados por várias técnicas analíticas e físico-químicas, tais como análise elementar, FT-IR, espetroscopia UV-Vis, XRD, raios X, momento magnético, espetroscopia de massa, espectros electrónicos e análise térmica. As aplicações biomédicas dos compostos sintetizados foram avaliadas contra várias estirpes de microorganismos e linhas celulares cancerígenas, demonstrando o seu potencial como agentes terapêuticos. A atividade antioxidante dos compostos foi também examinada utilizando o ensaio DPPH, indicando a sua potencial utilização como anti-oxidantes. Além disso, a reatividade catalítica dos complexos preparados foi avaliada como um hetero-catalisador na preparação de anéis de cinco membros contendo um ou dois hetero-átomos e anéis de seis membros através de uma reação fácil de um pote. Os resultados mostraram que os complexos apresentavam uma atividade catalítica e uma seletividade significativas.

1.4 Reagentes

Todos os produtos químicos e solventes utilizados neste estudo eram de grau AR e utilizados como recebidos sem purificação, tais como compostos orgânicos (benzaldeído (B), 4-cloro benzaldeído (CB), 4-metoxi benzaldeído (MB), malononitrilo, 2,4-tiazolidinediona (TH), rodanina, 5-amino tetrazol, orto-aminotiofenol, cianoguanidina, acetato de bromo etilo, acetil acetona e piperidina. Os produtos etanol, acetona, ácido acético glacial, N, N -dimetilforamida (DMF), N, N -dimetilsulfóxido (DMSO), DCM, THF, CH_3CN, CHCl3 e HCl foram utilizados sem destilação. Para a síntese dos complexos metálicos, foram utilizados os seguintes sais de metais de transição: sais de acetato de paládio [Pd(OAC)$_2$] e nitrato de níquel [Ni(NO_3)$_2$].$6H_2O$, para além de nitrato de ferro [Fe(NO_3)$_3$].$9H_2O$, obtidos na Sigma -Aldrich. Para estimar a reatividade catalítica dos complexos testados, foram utilizados vários produtos químicos orgânicos, tais como (aldeído aromático, malononitrilo, 2,4 tiazolidinediona, rodanina, 5-amino tetrazol, pipredina e Na_2SO_4 anidro). Além disso, vários tipos de ácidos de Lewis e bases de Lewis, tais como;

Foram utilizados $AlCl_3$, $MgCl_2$, Mg(OTf)$_2$, $FeCl_3.6H_2O$, MnO_2, $ZnBr_2$, Fe(OTf)$_3$, $CuCl_2$, CuO, Pd(OAc)$_2$, $PdCl_2$, $TiCl_4$, PTSA, Et_3N, [EMIM]Cl e TBABr.

1.5 Síntese dos ligandos derivados de tiazóis-guanidinas preparados

Os ligandos bidentados foram preparados de acordo com o seguinte procedimento

2.3.1 Síntese dos ligandos bidentados BSG, BSI e BSP

O ligando BSG bidentado foi sintetizado por reação entre o-aminotiofenol 10 mmol (1,25g), cianoguanidina 10 mmol (0,85g), ácido clorídrico concentrado (2ml) e água. Em seguida, a mistura foi aquecida sob refluxo durante 4 horas. Depois da mistura refluxada, deixou-se repousar e tratou-se com NaOH a 10%, tendo o sólido obtido sido recolhido por filtração e lavado com água. O produto sólido foi recristalizado em CHCl3 para obter um produto puro com 95% de rendimento e a pureza do ligando BSG foi examinada por TLC. Os ligandos BSI e BSP foram sintetizados através da reação de (BSG) (10 mmol, 1,92g) com acetato de bromo etilo (10 mmol, 1,67g) e acetilacetona (10 mmol, 1 mL) respetivamente em frascos separados com algumas gotas de ácido acético glacial como catalisador. O precipitado foi descoberto após 15 a 20 minutos. A mistura resultante foi refluxada até todos os reagentes terem sido transformados em produto, conforme determinado por cromatografia em camada fina. O resultado foi deixado à temperatura ambiente até que a reação estivesse totalmente concluída. A pureza dos compostos obtidos foi confirmada por TLC. Os cristais verde-pálido, branco-pálido e amarelo-pálido obtidos dos ligandos BSG, BSI e BSP foram filtrados. Em seguida, foram lavados com etanol quente várias vezes e secos sob pressão reduzida num exsicador **[Soliman, et al., 2014]**.

1.6 Síntese de complexos metálicos

2.4.1 Síntese dos complexos BSGFe, BSIFe e BSPFe

$Fe(NO_3)_3.9H_2O$ (10 mmol, 4,04 g) dissolvido em etanol quente (10 mL) e depois adicionado a uma solução alcoólica de BSG, BSI (20 mmol; 3,84 g, 4,64 g, em 10mL EtOH) e a uma solução DMF de $Fe(NO_3)_3.9H_2O$ foi adicionada aos ligandos BSP (20 mmol, 5,12 g em 10mL DMF) respetivamente em frascos separados para obter o precipitado dos complexos BSGFe, BSIFe e BSPFe. Estas misturas foram agitadas durante 2-3 horas. Os complexos sólidos castanhos, castanho-escuros e vermelho-escuros foram filtrados, lavados com etanol quente e secos sob pressão reduzida num exsicador **[Neelakantan et al., 2010; abdel-rahman et al., 2016 a, b; Abdel-Rahman et al., 2019 a-c; Abu-Dief et al., 2020 a-d; Abu-Dief et al., 2021 a-c; Abu-Dief et al., 2023 a-c; El-Remaily et al., 2023 a]**.

2.4.2 Síntese dos complexos bsgNi, bsiNi e bspNi

A solução etanólica quente de $Ni(NO_3)_2.6H_2O$ (10 mmol, 2,9 g em 10 mL) foi adicionada à solução EtOH de BSG e BSI (20 mmol, 3,84g, 4,64g em 10 mL EtOH) e DMF de $Ni(NO_3)_2.6H_2O$ foi adicionado à solução de BSP (20 mmol, 5,12 g em 10 mL de DMF), respetivamente em frascos separados para obter o precipitado dos complexos BSGNi, BSINi e BSPNi. Estas misturas foram agitadas durante 2-3 horas. As reacções foram concluídas e os complexos sólidos verdes, verde-pálidos e verde-escuros foram filtrados, lavados com etanol quente e secos sob pressão reduzida num exsicador **[Abu-Dief et al., 2023 a-c; El-Remaily et al., 2023 a]**.

2.4.3 Síntese dos complexos BSGPd, BSIPd e BSPPd

Os complexos BSGPd, BSIPd e BSPPd foram sintetizados pela adição de 10 mmole de $Pd(OAC)_2$ (2,24 g) dissolvido em (10 mL) de acetona a (10 mmol) BSG e BSI (10mmol, 1,92 g, 2,32 g) respetivamente, e solução DMF de $Pd(OAC)_2$ (2.24 g) foi adicionada aos ligandos BSP (2,56 g), dissolvida em (10 mL) de DMF e algumas gotas de pipredina, em seguida, agitada sob refluxo durante 2-3 horas para obter três precipitados laranja e laranja pálido. Estes precipitados foram filtrados, lavados com acetona e secos sob pressão reduzida num exsicador. **[Neelakantan et al, 2010; abdel-rahman et al., 2016 a, b; Abdel-Rahman et al., 2019 a-b; Abu-Dief et al., 2020 a-c; Mohamed et al 2021; Abu-Dief et al., 2023 a-c; El-Remaily et al., 2023 a]**

A estrutura proposta para os ligandos preparados (BSG, BSI e BSP) é apresentada a seguir

Ligando	Estrutura

Ligand	Structure
BSG	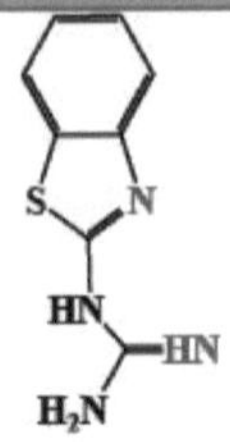
BSI	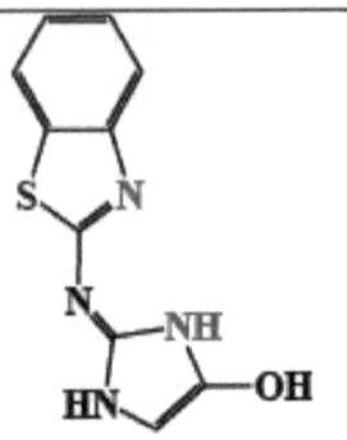
BSP	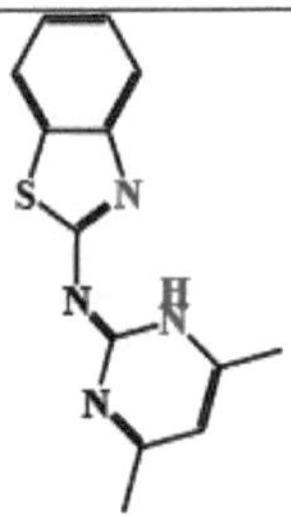

1.7 Caracterização dos ligandos derivados de tiazóis e guanidinas preparados e dos seus complexos metálicos.

Os ligandos investigados e os seus complexos foram caracterizados pelas seguintes ferramentas analíticas e espectroscópicas.

2.5.1 Determinação da estrutura cristalina de raios X para os ligandos BSG e BSP

A difração / dispersão da irradiação de raios X por um conjunto de átomos num cristal único de um composto é explorada para estabelecer a estrutura e a geometria do composto. A determinação da estrutura de cristais simples de raios X dos ligandos BSG e BSP foi efectuada utilizando

Bruker APEX2; refinamento de células: Bruker SAINT; programa(s) utilizado(s) para resolver a estrutura: SHELXS97; programa(s) usado(s) para refinar a estrutura: SHELXL97; gráficos moleculares: XSEED.

2.5.2 Medições dos pontos de fusão dos ligandos derivados de tiazóis e guanidinas preparados e temperaturas de decomposição dos complexos preparados

Para determinar os pontos de fusão dos ligandos derivados de tiazóis e guanidinas preparados, pode ser utilizado um aparelho de ponto de fusão, Gallenkamp, Inglaterra. A amostra é colocada num tubo capilar e aquecida lentamente até fundir. A temperatura a que a substância funde é registada como o ponto de fusão.

2.5.3 Espectros de infravermelhos dos ligandos derivados de tiazóis e guanidinas preparados e respectivos complexos

Os espectros FT-IR à temperatura ambiente dos ligandos preparados, dos complexos e dos correspondentes complexos metálicos foram registados em pastilhas de KBr com o espetrofotómetro de infravermelhos com transformada de Fourier Shimadzu, modelo 8101, na gama 4000 - 400 cm^{-1} .

2.5.4 Espectros NMR

Os espectros de RMN dos ligandos testados foram medidos em dimetilsulfóxido deuterado (DMSO-d6) e registados no Laboratório Central, Departamento de Química, Faculdade de Ciências, Universidade de Sohag, a 25 C num espetrómetro multinuclear FT-NMR Bruker ARX400 a 400,1 (^{1} H) e 100,6 (^{13} C e dept) MHz.

2.5.5 Espectros electrónicos moleculares dos compostos testados

As medições de absorção UV-Visível dos ligandos preparados e dos seus complexos foram efectuadas no espetrofotómetro UV-Visível Jasco P-530 em DMF a 298 K.

2.5.6 Análise elementar dos ligandos derivados de tiazol-guanidina preparados e dos seus complexos

As análises elementares (C, H, N) foram efectuadas com um analisador PerkinElmer 2408 CHN no Centro de Micro-análise da Universidade de Zagazig, Egito.

2.5.7 Espectrometria de massa

Os espectros de massa foram registados pela técnica EI a 70 eV pelo instrumento MS-5988 GS-MS hewlett-packard no Centro Microanalítico da Universidade do Cairo. O sistema de espetroscopia de massa foi utilizado para confirmar a pureza dos compostos, bem como para explorar a fragmentação caraterística e o peso molecular esperado.

2.5.8 Determinação da estequiometria dos complexos em soluções

A estabilidade e a estequiometria dos quelatos de Fe(III), Ni(II) e Pd(II) foram avaliadas na solução. As técnicas de Job (variação contínua) e de razão molar podem ser usadas para alcançar essa rota de caraterização **[Gorgannezhad et al., 2016; Kuwahara et al., 2018; Abdel-Rahman et al., 2019 a; Shrivastava et al., 2020; Adly et al., 2020; Abd El-Lateef et al, 2023 a-c; Abu-Dief et al., 2023 a-c]** e em que as soluções de sais metálicos e de ligandos foram combinadas, agitadas e deixadas em equilíbrio, tendo a absorvância sido medida em Xmax para cada solução e representada em função da fração molar do ião metálico ([M/[L] + [M]) ou da razão molar ([M]/[L]). Em seguida, foram utilizados balões volumétricos de 10,00 ml para a investigação. As concentrações iniciais dos ligandos preparados e dos iões Fe(III), Ni(II) e Pd(II) foram de 10^{-3} M para cada solução. Na relação estequiométrica (2:1) e (1:1), os volumes proporcionais foram 10,00 mL dos ligandos preparados e 5,00 mL no caso dos iões Fe(III) e Ni(II), e 5 mL dos ligandos preparados e 5,00 mL no caso do ião Pd(II).

2.5.9 Avaliação das constantes de formação aparentes dos complexos sintéticos

Os métodos espectrofotométricos utilizados para estabelecer a estequiometria de vários complexos de guanidina podem também ser utilizados para a determinação das constantes de formação aparentes desses complexos em solução. A técnica espectrofotométrica mais simples adoptada para estudar o equilíbrio em soluções de compostos complexos é o método da razão molar. No entanto, as equações derivadas para calcular as constantes de formação por este método podem ser aplicadas aos resultados dos métodos espectrofotométricos, em particular o método de variação contínua **[Job, 1928; Shaker et al., 2003; Abu-Dief et al., 2015 a,b; Abdel-Rahman et al., 2013 a, b; 2015 a, b; 2016 a, b; 2017 a-e; 2019a, b; Abu-Dief et al., 2023 a-c]**. A curvatura em torno do pico do gráfico de variação contínua pode ser extrapolada para uma boa aproximação e utilizada para o cálculo da constante de formação do complexo, bem como dos valores das constantes de estabilidade.

Numa solução do complexo ML, o equilíbrio existente é dado como:

$$M + L \rightarrow ML \quad (1)$$

O equilíbrio pode então ser formulado:

$$[ML] = (A / A_m)\, C \quad (2)$$

$$[M] = C - [ML] = C\,(1 - (A / A_m) \quad (3)$$

As constantes de formação K_f dos complexos sintetizados do tipo [1M : 1L] são dadas por:

$$k_f = \frac{\frac{A}{A_M}}{(1-A/A_m)^2 C} \quad (4)$$

No caso de uma solução que contenha um complexo do tipo [1M : 2L], o valor de K_f pode ser avaliado do seguinte modo

$$M + 2L \rightarrow ML_2 \quad (5)$$

$$[M] = C - [ML_2] = C\,(1 - (A / A_m) \quad (6)$$

$$[L] = 2C\,(1 - (A / A_m) \quad (7)$$

$$[ML] = C\,(A / A_m) \quad (8)$$

$$k_f = \frac{\left(\frac{A}{A_M}\right) C}{[4C^2(1-A/A_m)]^2 C[(1 - (\frac{A}{A_m})]} = \frac{\frac{A}{A_M}}{4C^2(1-A/A_m)^3} \quad (9)$$

Além disso, a alteração da energia livre, $\Delta(G^*)$, dos complexos, foi determinada a 25oC.

$$\Delta(G^*) = -RT \ln K_f \quad (10)$$

Sendo K_f a constante de formação, R a constante dos gases e T a temperatura em Kelvin.

2.5.10 Análise termogravimétrica dos complexos investigados

As análises termogravimétricas (TGA) foram registadas utilizando um analisador Shimaduz cooperation 60 H sob um fluxo dinâmico de atmosfera de azoto (40 ml/min) e uma taxa de aquecimento de 10° C/min desde a temperatura ambiente até 750° C no Departamento de Química, Faculdade de Ciências, Unidade de Análise Térmica, Universidade do Cairo, Egito

2.5.11 Parâmetros cinéticos para TGA dos complexos preparados

A decomposição e a desidratação térmica dos complexos mencionados foram estudadas cineticamente utilizando o método integral que aplica o método Coats-Redfern. Além disso, os parâmetros de ativação termodinâmica dos processos de decomposição dos complexos desidratados, nomeadamente a energia de ativação (*E*), o fator de frequência (*A*), a entropia de ativação (*AS),* a entalpia de ativação (*AH)* e a variação da energia livre da decomposição (*AG*), são estimados graficamente a partir dos dados de TGA, utilizando a relação Coats-Redfern **[Coats et al, 1964; Vinodkumar et al., 2000; Mohamed et al., 2015; Abdel-Rahman et al., 2016 a, b; Adam et al., 2023; Abdel-Rahman et al., 2023]** na seguinte forma

$$\mathrm{Log}\left[\frac{\mathrm{Log}\left(\frac{W\infty}{W\infty - w}\right)}{T^2}\right] = \mathrm{Log}\left[\frac{AR}{\phi E^*}\left(1 - \frac{2RT}{\phi E^*}\right)\right] - \frac{E^*}{2.303RT} \quad (11)$$

Em que W_∞ é a perda de massa no final da reação de decomposição. W é a perda de massa até

à temperatura T, R é a constante universal dos gases e ф é a taxa de aquecimento. Uma vez que 1-2RT/E* *~1,* o gráfico do lado esquerdo da equação em função de 1/T dará origem a uma linha reta. E^* foi calculado a partir do declive e a constante de Arrhenius, A, foi obtida a partir da interceção.
Os outros parâmetros cinéticos; a entropia de ativação (AS*), a entalpia de ativação (AH*) e a variação da energia livre de ativação (AG*) foram calculados utilizando as seguintes equações:

$$\Delta S^* = 2.303\,R\log\frac{Ah}{K_B T} \quad (12)$$

$$\Delta H^* = E^* - RT \quad (13)$$

$$\Delta G^* = \Delta H^* - T\Delta S^* \quad (14)$$

Em que (KB) e (h) são as constantes de Boltzmann e de Plank, respetivamente.

2.5.12 Medições da condutância dos complexos preparados

Os valores de condutância molar dos complexos preparados foram determinados com o medidor de condutividade JENWAY modelo 4320 a 298 K, utilizando N, N - dimetilformamida como solvente.

2.5.13 Medições do momento magnético dos complexos preparados

Utilizando observações de magnetização, a composição geométrica dos complexos em consideração foi validada. Esta foi calculada pela seguinte equação [**Abdel-Rahman et al., 2015 a, b**]:

$$\mu_{eff} = 2.83\sqrt{\chi'_M T} \quad (15)$$

$$\chi'_M = \chi_M - (\text{diamag.corr}) \quad (16)$$

Em que pef é o instante magnetostrictivo (em Bohr Magneton) B.M., XM é o magnetismo a nível molecular, T é a temperatura em kelvin e (K) e XM após correção.

2.5.14 Intervalo de estabilidade dos complexos testados em diferentes meios de pH

Foi preparada uma série de soluções-tampão universais com pH's em solução aquosa **[Britton, 1952; Shaker et al., 2003; Abu-Dief et al., 2015 b; Abdel-Rahman, 2013 a, b; 2015 a, b; 2016 a, b, 2017 a, b, d, e; 2018; 2019a, b; Abu-Dief et al., 2023 a-c; El-Remaily et al, 2023 a]** e os valores de pH foram verificados com uma precisão de ± 0,005 unidades a 298 K. Um medidor de pH ADWA AD1000 e AD1020 a 298 K equipado com um elétrodo combinado CL-51B foi utilizado para medições de pH, calibrado contra tampões padrão (pH 4,02 e 9,18) antes das medições. Os espectros electrónicos de registo dos complexos investigados, nas séries preparadas de soluções tampão universais aquosas de diferentes pH's, foram seguidos para a digitalização das curvas de absorvância-pH em Xmax para cada complexo. As varreduras apresentadas são típicas das curvas de dissociação que suportam a hidrólise do equilíbrio ácido-base:

$$HL \rightleftharpoons H^+ + L^- \quad (17)$$

2.5.15 Cálculos da teoria da função de densidade (DFT) dos ligandos preparados e dos seus complexos

A DFT tornou-se muito popular nos últimos anos, porque é menos intensiva do ponto de vista computacional do que outros métodos com precisão semelhante. A premissa subjacente à DFT é que a energia de uma molécula pode ser determinada a partir da densidade eletrónica em vez de uma função de onda. Esta teoria teve origem num teorema de Hohenberg e Kohn que afirmava que tal era possível **[Hohenberg et al., 1964]**. Kohn e Sham, que formularam um método semelhante em estrutura ao método Hartree-Fock **[Kohn et al., 1965]**, desenvolveram uma aplicação prática desta teoria. Sugeriram o cálculo exato da energia cinética da densidade eletrónica não interagente que corresponde à densidade real, e o tratamento aproximado da correção desta energia para a do sistema real interagente. A correção da energia cinética do sistema sem interação é conhecida como energia de correlação de troca (XC) e é calculada em função da densidade eletrónica. Como a densidade eletrónica é uma função, a energia XC é uma função de uma função, que é conhecida como funcional; daí o nome "teoria do funcional da densidade". Os seus princípios básicos são descritos mais detalhadamente por Koch e Holthausen **[Koch et al., 2001]**. A vantagem de utilizar a densidade eletrónica é que os integrais para a repulsão de Coulomb só precisam de ser feitos sobre a densidade eletrónica, que é uma função tridimensional, escalando assim como N^3 . Além disso, pelo menos alguma correlação eletrónica pode ser incluída no cálculo. Isto resulta em cálculos mais rápidos do que os cálculos HF (que escalam como N4) e cálculos que são também um pouco mais exactos. O melhor funcional DFT dá resultados com uma precisão semelhante à de um cálculo MP2. O problema é que não se conhece o(s) funcional(is) que traduzem a densidade eletrónica na energia XC. Existem atualmente muitos funcionais alternativos disponíveis, mas não há forma de dizer que o funcional A é melhor que o funcional B. Assim, a principal vantagem da teoria ab-initio, a capacidade de a melhorar sistematicamente, perde-se na DFT. Existem, no entanto, três tipos básicos de funcionais: A aproximação da densidade local (LDA) é o mais antigo e mais simples dos tipos de funcionais ainda em uso. Baseia-se na ideia de um gás de electrões uniforme, um arranjo homogéneo de electrões que se movem contra uma distribuição de carga de fundo positiva que torna o sistema total neutro. Esta construção é abstrata e não muito realista, mas sabe-se a forma exacta da parte de troca do funcional XC para ele e tem-se resultados precisos para simular a parte de correlação. É importante notar que a energia XC depende apenas da densidade eletrónica numa dada posição, pelo que é fácil de calcular. Os cálculos LDA são assim muito rápidos e dão frequentemente boas geometrias. No entanto, tendem a dar erros sistemáticos na energia e geralmente fazem ligações demasiado fortes. Por conseguinte, os cálculos LDA são menos utilizados para aplicações moleculares do que os funcionais mais sofisticados. A aproximação do gradiente generalizado (GGA) dá melhores resultados. Os funcionais GGA são normalmente divididos em funcionais de troca e de correlação, que são frequentemente derivados separadamente e podem ser combinados de diferentes formas. A caraterística prática mais importante dos funcionais GGA é que dependem não só do valor da densidade eletrónica em si, mas também da sua derivada (gradiente) em relação à posição no espaço. A inclusão da primeira derivada da densidade permite que os funcionais GGA tratem as homogeneidades na densidade eletrónica melhor do que os funcionais LDA. Koch e Holthausen (2001) apresentam uma lista actualizada dos funcionais de troca e correlação GGA. A aproximação do gradiente generalizado (GGA) dá melhores resultados. As funções GGA são normalmente divididas em funções de troca e de correlação, que são frequentemente derivadas separadamente e podem ser combinadas de diferentes formas. A caraterística prática mais importante dos funcionais GGA é que dependem não só do valor da densidade eletrónica em si, mas também da sua derivada (gradiente) em relação à posição no espaço. A inclusão da primeira derivada da densidade permite que o funcional GGA trate as homogeneidades na densidade eletrónica melhor do que o funcional LDA. **[Koch et al., 2001]** apresenta uma lista actualizada de funcionais de troca e correlação GGA. A terceira classe de métodos funcionais da densidade aqui considerada, o funcional híbrido, é simplesmente uma combinação de um funcional de correlação GGA com uma contribuição de troca que vem em parte de um funcional de troca e em parte da teoria HF, onde a energia de troca é calculada exatamente **[Becke et al., 1993a]**. As proporções relativas da energia de troca HF e as dos dois funcionais GGA variam entre os métodos híbridos e são normalmente parametrizadas para se adaptarem a um conjunto de dados experimentais. Os métodos híbridos são geralmente os mais exactos, mas têm a desvantagem de que o cálculo da energia de troca HF requer integrais de quatro centros. Os cálculos DFT híbridos são, portanto, mais dispendiosos do ponto de vista computacional do que os GGA. Atualmente, a maioria dos cálculos DFT está a ser efectuada com conjuntos de bases GTO optimizados para HF. A exatidão dos resultados tende a degradar-se significativamente com a utilização de conjuntos de bases muito pequenos. Por razões de exatidão, o conjunto de bases mais pequeno utilizado é geralmente 6-31G(d) ou equivalente. Curiosamente, há apenas um pequeno aumento na precisão obtida com a utilização de conjuntos de bases muito grandes. Isto deve-se provavelmente ao facto de o funcional da densidade limitar a precisão mais do que as limitações do conjunto de bases. A exatidão dos resultados dos cálculos DFT pode ser fraca ou boa, dependendo da escolha do conjunto de bases e do funcional de densidade. Foi desenvolvida uma variedade de funcionais de troca-correlação para utilização em cálculos DFT; os nomes designam um emparelhamento particular de um funcional de troca e um funcional de correlação. Por exemplo, o popular funcional BLYP é uma combinação do funcional de troca com correção de gradiente desenvolvido por Becke [**Becke et al., 1986**] e do funcional de correlação com correção de gradiente desenvolvido por Lee, Yang e Parr **[Lee et al., 1988]**. Até à data, o funcional híbrido B3LYP (também chamado Becke3LYP) é o mais utilizado para cálculos moleculares com conjuntos de bases de 6-31G(d) ou maiores **[Becke et al., 1993b]**. Isto deve-se ao facto de a precisão ser frequentemente óptima em relação ao tempo de CPU, pelo que o método B3LYP é o método de escolha para muitos cálculos de moléculas orgânicas. Devido à novidade da DFT, o seu desempenho não é completamente conhecido e continua a mudar com o desenvolvimento de novos funcionais. [**Cramer et al., 2004**] apresenta uma panorâmica geral das aplicações e do desempenho da DFT em função do nível de teoria utilizado. Além disso, é apresentada uma discussão pormenorizada sobre as vantagens e desvantagens da DFT em comparação com a teoria MO. Num estudo recente **[Lynch et al., 2003]**, foram efectuados vários cálculos baseados na DFT para calcular as alturas de barreira para seis reacções de pequenas moléculas e as energias de atomização (dissociação completa) para seis moléculas diferentes. Os resultados para uma variedade de funcionais DFT e conjuntos de bases foram comparados entre si e com os resultados de técnicas baseadas em HF. No nosso estudo, a Teoria do Funcional da Densidade

(DFT) foi utilizado para explorar e descrever as estruturas moleculares e as caraterísticas dos ligandos preparados e dos seus complexos. Além disso, foram calculados os descritores moleculares globais, tais como a energia da orbital molecular mais elevada ocupada (EHOMO), a orbital molecular mais baixa não ocupada (ELUMO), o intervalo de energia (AE), o potencial químico (p), a dureza química (n), a eletronegatividade (x) e o índice de electrofilicidade (w), de acordo com as relações (9-13). Os cálculos teóricos para os ligandos de base de Schiff preparados e os modelos dos seus complexos foram efectuados no pacote Gaussian03 **[Frisch et al., 2004]** ao nível da teoria do funcional da densidade (DFT). Os cálculos foram efectuados utilizando o conjunto de bases 31-6G(d, p) **[Ditchfield et al., 1971]** para os átomos da base de Schiff, e o conjunto de bases LANL2DZ com potencial de núcleo efetivo (ECP) para os iões metálicos.

$$\Delta E = E_{LUMO} - E_{HUMO} \quad (18)$$

$$\eta = 1/2\,(E_{LUMO} - E_{HUMO}) \quad (19)$$

$$\chi = -1/2\,(E_{LUMO} + E_{HUMO}) \quad (20)$$

$$\mu = -\chi = 1/2\,(E_{LUMO} + E_{HUMO}) \quad (21)$$

$$-\omega = \mu^2/2\eta \quad (22)$$

As geometrias de mais baixa energia foram calculadas, aplicando a teoria do funcional da densidade e utilizando o programa Gaussian 09. O nível de teoria DFT/B3LYP/LANL2DZ foi utilizado para a otimização da geometria, a fim de obter as estruturas de mais baixa energia para os ligandos e os seus complexos.

2.6 Aplicações dos ligandos derivados de tiazóis-guanidinas testados e dos seus complexos

2.6.1 Actividades catalíticas dos complexos testados

2.6.2 Atividade catalítica para a síntese dos derivados de 7-amino-4,5-di-hidro-tetrazolo[1,5- *a*]pirimidina-6-carbonitrilo 4a-i

Num balão de fundo redondo, o complexo BSIFe (10 mol%) foi misturado com 30 mL (v/v) de H_2O/etanol (3/1). Em seguida, o aldeído aromático **1a-i** (1 mmol), o malononitrilo **2** (1 mmol) e o 5-aminotetrazol **3** foram combinados durante o tempo aceitável desejado. Em seguida, a pureza do produto foi testada por TLC. Deixou-se arrefecer a mistura reacional até 25° C e, em seguida, isolou-se o catalisador por filtração. Os materiais orgânicos foram extraídos com acetato de etilo (3x10 mL), os derivados de 7-amino - 4,5-dihidro - tetrazolo [1,5-*a*] pirimidina-6- carbonitrilo **4a-i** que combinaram as fases orgânicas, foram lavados com água. Em seguida, foram secos sobre Na2SO4 anidro e concentrados sob pressão reduzida. O produto sólido resultante foi filtrado e recristalizado a partir de 5 mL de etanol para obter um produto puro, que foi caracterizado por espectros de pH, FT-IR,^{1} H-NMR e^{13} C-NMR.

2.6.2.1 Recuperação e reutilização do catalisador

À camada aquosa, foi adicionada acetona (5 ml), gota a gota, com agitação à temperatura ambiente, dando origem a um precipitado de BSIFe que foi arrefecido a 5^0 C. O BSIFe foi recuperado por filtração, seco e reutilizado.

2.6.2.2 Dados espectrais dos derivados sintetizados de 7-amino-4,5-di-hidro-tetrazolo[1,5- *a*]pirimidina-6-carbonitrilo 4a-i

Composto 4a: p.f. = 220-223°C. IR (KBr v cm^{-1}) = 3315-3229 (NH, NH_2), 2210 (CN), 1H-NMR (400 MHz, DMSO-d6) 6 = 10,83 (s, 1H, NH), 7,50-7,52 (d, *J* = 8.2 Hz, 2H, ARH), 7.43-7.39 (m, *J* = 8.2 Hz, 3H, ARH), 7.33 (s, 2H, NH_2, permutável por D_2O), 5.15 (s, 1H, CH). ^{13}C-NMR-(DMSO-d6) 6 = 159.07, 158.24, 149.52, 135.43, 134.25, 132.84, 131.05, 117.75, 79.43. Anal. Encontrado para $C_{11}H_9N_7$: C, 55.22; H, 3.79; N, 40.98. Calc: C, 55.20; H, 3.78; N, 40.96.

Composto 4b: p.f. = 230-232°C. IR (KBr v cm'^{1}) = 3324-3246 (NH, NH), 2207 (CN),^{1} H-NMR (400 MHz, DMSO-d6) 6 = 10,49 (s, 1H, NH), 7,80-7,78 (d, *J* = 8.0 Hz, 2H, ARH), 7.61-7.59 (d, *J* = 8.0 Hz, 2H, ARH), 7.42 (s, 2H, NH_2, permutável por D_2O), 5.46 (s, 1H, CH). ^{13}C-NMR-(DMSO-d6) 6 = 157.61, 155.34, 153.88, 145.92, 132.96, 132.54, 131.29, 118.67, 81.55. Anal. Encontrado para $C_{11}H_8N_7Cl$: C, 48,27; H, 2,95; N, 35,83, Cl; 12,95. Calc: C, 48.26; H, 2.95; N, 35.81, Cl; 12.92.

Composto 4c: p.f. = 238-241°C. IR (KBr v cm^{-1}) = 3336-3260 (NH, NH_2), 2204 (CN),^{1} H-NMR (400 MHz, DMSO-d6) 6 = 10,45 (s, 1H, NH), 8,02-7,95 (d, J = 8.1 Hz, 2H, ARH), 7.81-7.79 (d, J = 8.1 Hz, 2H, ARH), 7.51 (s, 2H, NH_2, permutável por D2O) , 5.31 (s, 1H, CH). ^{13}C-NMR-(DMSO-d6) 6 = 158.30, 156.88, 147.55, 135.40, 134.25, 132.68, 132.10, 119.79, 82.92. Anal. Encontrado para $C_{11}H_8N_7Br$: C, 41.53; H, 2.53; N, 30.82, Br; 25.12. Calc: C, 41.50; H, 2.52; N, 30.80 Br; 25.10.

Composto 4d: p.f. = 215-218°C. IR (KBr v cm^{-1}) = 3345-3238 (NH, NH), 2206 (CN),^{1} H-NMR (400 MHz, DMSO-d6) 6 = 11,15 (s, 1H, NH), 8,30-8,28 (d, J = 7.9 Hz, 2H, ARH), 7.99-7.97 (d, J = 7.9 Hz, 2H, ARH), 7.69 (s, 2H, NH2, permutável por D2O), 5.13 (s, 1H, CH), 3.12 (s, 3H, CH_3). ^{13}C-NMR-(DMSO-d6) 6 = 155.08, 154.39, 147.72, 134.17, 133.21, 132.94, 132.07, 117.34, 72.68, 61.65. Anal. Encontrado para $C_{12}H_{11}N_7O$: C, 53,53; H, 4,12; N, 36,41. Calc: C, 53.51; H, 4.11; N, 36.39.

Composto 4e: p.f. = 221-224°C. IR (KBr v cm^{-1}) = 3357-3268 (NH, NH_2), 2211 (CN),^{1} H-NMR (400 MHz, DMSO-d6) 6 = 11,13 (s, 1H, NH), 8,43-8,24 (d, J = 8.1 Hz, 2H, ARH), 8.16-8.05 (d, J = 8.1 Hz, 2H, ARH), 7.78 (s, 2H, NH_2, permutável por D2O), 5.73 (s, 1H, CH), 3.18 (s, 3H, CH_3). ^{13}C-NMR-(DMSO-d6) 6 = 158.42, 155.64, 151.78, 145.48, 132.63, 131.29, 130.86, 130.12, 129.93, 118.31, 77.93, 68.36. Anal. Encontrado para $C_{12}H_{11}N_7O$: C, 53,54; H, 4,13; N, 36,43. Calc: C, 53.53; H, 4.13; N, 36.40.

Composto 4f: p.f. = 245-248°C. IR (KBr v cm^{-1}) = 3329-3218 (NH, NH_2), 2209 (CN),^{1} H-NMR (400 MHz, DMSO-d6) 6 = 10,28 (s, 1H, NH), 8,21-7,98 (d, J = 7.9 Hz, 2H, ARH), 7.96-7.85 (d, J = 7.9 Hz, 2H, ARH), 7.73 (s, 2H, NH_2, permutável por D2O), 5.62 (s, 1H, CH). ^{13}C-NMR-(DMSO-d6) 6 = 159.16, 158.42, 152.28, 143.70, 135.39, 134.45, 133.52, 119.92, 83.62. Anal. Encontrado para $C_{11}H_8N_8O_2$: C, 46,48; H, 2,84; N, 39,42. Calc: C, 46.46; H, 2.84; N, 39.40.

Composto 4g: 238-240°C. IR (KBr v cm^{-1}) = 3322-3252 (NH, NH_2), 2203 (CN), 1H- NMR (400 MHz, DMSO-d6) 6 = 11,09 (s, 1H, NH), 7,96-7,41 (m, 4H, ArH), 7,40 (s, 2H, NH_2, permutável por D2O), 5,71 (s, 1H, CH). ^{13}C-NMR-(DMSO-d6) 6 = 159.40, 152.36, 151.67, 147.56, 141.89, 132.95, 131.20, 130.16, 118.35, 76.47. Anal. Encontrado para $C_{11}H_8N_8O_2$: C, 46,48; H, 2,83; N, 39,42. Calc: C, 46.46; H, 2.84; N, 39.40.

Composto 4h: p.f. = 230-232°C. IR (KBr v cm^{-1}) = 3342-3268 (NH, NH), 2205 (CN), 1H-NMR (400 MHz, DMSO-d6) 6 = 10,68 (s, 1H, NH), 8,42-8,04 (m, 3H, ArH), 7,48 (s, 2H, NH_2, permutável por D2O), 5,18 (s, 1H, CH). ^{13}C-NMR-(DMSO-d6) 6 = 157,18, 135,38, 148,97, 136,53, 134,46, 132,08, 130,05, 119,24, 82,11. Anal. Encontrado para $C_9H_7N_7O$: C, 47,16; H, 3,08; N, 42,78. Calc: C, 47.16; H, 3.06; N, 42.75.

Composto 4i: 248-250°C. IR (KBr v cm^{-1}) = 3359-3236 (NH, NH_2), 2210 (CN), 1H- NMR (400 MHz, DMSO-d6) 6 = 10,41 (s, 1H, NH), 7,54-7,05 (m, 3H, ArH), 6,51 (s, 2H, OCH_2), 5,24 (s, 1H, CH), 3,69 (s, 2H, NH_2, permutável por D2O). ^{13}C-NMR- (DMSO-d6) 6 = 159.57, 155.46, 148.78, 144.08, 136.26, 134.32, 132.55, 117.92, 80.03, 73.22. Anal. Encontrado para $C_{12}H_9N_7O_2$: C, 50,88; H, 3,20; N, 34,62. Calc: C, 50.86; H, 3.18; N, 34.60.

2.6.3 Atividade catalítica para a síntese dos derivados de 5-amino-2-oxo-3,7-di-hidro-2H-pirano[2,*3-d*]tiazol-6-carbonitrilo 8a-k

Foi realizada uma reação num único frasco de fundo redondo envolvendo um aldeído aromático (1mmol) **5a-k**, uma 2,4 tiazolidinediona **6** (1mmol) e um malononitrilo **7** (1mmol) na presença de um complexo de Pd(II) a 10 mol % (BSI-Pd). A TLC [n - hexano: EtOAc (7:3)] foi implementada para observar o progresso da reação. Quando acetato de etilo (10 mL) foi vertido para o balão após a reação ter terminado, o produto resultante foi dissolvido mas o catalisador permaneceu insolúvel. Eventualmente, foi utilizada filtração para isolar o catalisador. Após a evaporação do solvente do filtrado, os derivados de 5-amino-2-oxo-3,7-di-hidro-2H-pirano[2,3-d]tiazol-6-carbonitrilo **8a-k** da fase orgânica combinada foram recristalizados a partir de etanol, obtendo-se o produto desejado com rendimentos bons a elevados. As temperaturas de fusão e os espectros destes compostos foram utilizados para os definir: P.M., FT-IR,[1] H-NMR e[13] C-NMR.

2.6.3.1 Recuperação e reutilização de catalisadores

Foi possível avaliar a eficácia de um catalisador heterogéneo, que pode ser convenientemente isolado e utilizado várias vezes. O catalisador filtrado foi duplamente destilado com água após ter sido tratado com etanol. Após secagem a 90°C durante três horas, o catalisador foi conservado para ser utilizado numa reação posterior realizada nas mesmas condições.

2.6.3.2 Dados espectrais para a síntese dos derivados de 5-amino-2-oxo-3,7-di-hidro-2H-pirano[2,3- *d*]tiazol-6-carbonitrilo 8a-k

Composto 8a: p.f. = 198-200°C. IR (KBr ν cm^{-1}) = 3310-3241 (NH, NH_2), 1715 (C=O), 2199 (CN); 1H-NMR (400 MHz, DMSO-d6) δ = 11,94 (s, 1H, NH), 7.74 (d, *J* = 8,2 Hz, 2H, ARH), 7,50 (t, *J* = 8,2 Hz, 3H, ARH), 7,05 (s, 2H, NH2, permutável por D_2O), 3,98 (s, 1H, CH). ^{13}C-NMR (DMSO-d6) δ = 168,28, 167,73, 163,42, 162,24, 133,52, 132,25, 130,54, 130,43, 129,75, 121,05, 71,52. Anal. Calcd para $C_{13}H_9N_3O_2S$: C, 57,51; H, 3,32; N, 15,46. Encontrado: C, 57.55; H, 3.34; N, 15.43.

Composto 8b: p.f. = 200-202°C. IR (KBr ν cm^{-1}) = 3344-3212 (NH, NH_2), 1715 (C=O), 2212 (CN);[1] H-NMR (400 MHz, DMSO-d6) δ =11,40 (s, 1H, NH), 7.59 (d, *J* = 8,1 Hz, 2H, ARH), 7,50 (d, *J* = 8,1 Hz, 2H, ARH), 7,31 (s, 2H, NH2, permutável por D_2O), 4,49 (s, 1H, CH). 1,79 (s, 3H, CH_3).[13] C-NMR (DMSO-d6) δ = 166,87, 162,27, 155,11, 138,65, 137,53, 136,34, 135,22, 134,10, 125,20, 115,34, 78,95, 20,98 Anal. Calcd para $C_{14}H_{11}N_3O_2S$: C, 58,90; H, 3,85; N, 14,70. Encontrado: C, 58.93; H, 3.89; N, 14.70.

Composto 8c: mp = 204-206°C. IR (KBr ν cm^{-1}) = 3336-3204 (NH, NH_2), 1708 (C=O), 2201 (CN);[1] H-NMR (400 MHz, DMSO-d6) δ = 10,62 (s, 1H, NH), 7.29 (d, *J* = 8,1 Hz, 2H, ARH), 7,15 (d, *J* = 8,1 Hz, 2H, ARH), 6,95 (s, 2H, NH_2, permutável por D_2O), 4,45 (s, 1H, CH). ^{13}C-NMR (DMSO-d6) δ = 169.30, 162.18, 161.54, 139.40, 138.95, 138.15, 137.68, 137.25, 131.20, 119.53, 92.68. Anal. Calcd para $C_{13}H_8N_3O_2SBr$: C, 44.58; H, 2.28; N, 11.97, Br; 22.82. Encontrado: C, 44.59; H, 2.30; N, 11.95, Br; 22.79.

Composto 8d: p.f. = 185-187°C. IR (KBr ν cm^{-1}) = 3362-3221 (NH, NH_2), 1718 (C=O), 2212 (CN);[1] H-NMR (400 mhz, DMSO-D6) δ = 10.09 (s, 1H, NH), 7.58 (d, *J* =8.1 Hz, 2H, ARH), 7.55 (d, *J* = 8.1 Hz, 2H, ARH), 7.05 (s, 2H, NH2, permutável por D_2O), 4.96 (s, 1H, CH), 3.72 (s, 3H, CH_3).[13] C-NMR (DMSO-d6) δ = 170.08, 168.53, 167.64, 153.24, 137.08 ,136.21, 135.42, 134.92, 134.25, 119.90, 82.39, 67.52. Anal. Calcd para $C_{14}H_{11}N_3O_3S$: C, 55,78; H, 3,65; N, 13,95. Encontrado: C, 55.80; H, 3.68; N, 13.92.

Composto 8e: mp = 192-194°C. IR (KBr ν cm^{-1}) = 3369-3280 (NH, NH_2), 1714 (C=O), 2205 (CN);[1] H-NMR (400 MHz, DMSO-d6) δ = 10,81 (s, 1H, NH), 8.15 (s, 1H, ArH), 7.99-7.92 (m, 3H, ArH), 7.12 (s, 2H, NH2, permutável por D_2O), 4.29 (s, 1H, CH), 3.81 (s, 3H, CH_3). ^{13}C-NMR (DMSO-d6) δ = 169,88, 165,14, 164,97, 153,95, 145,20, 145,03, 128,75, 127,62, 126,32, 125,85, 125,22, 117,28, 82,45, 72,11. Anal. Calcd para $C_{14}H_{11}N_3O_3S$: C, 55,80; H, 3,65; N, 13,93. Encontrado: C, 55.82; H, 3.66; N, 13.91.

Composto 8f: p.f. = 208-210°C. IR (KBr ν cm^{-1}) = 3360-3244 (NH, NH_2), 1708 (C=O), 2201 (CN);[1] H-NMR (400 MHz, DMSO-d6) δ = 11,05 (s, 1H, NH), 7.63 (d, *J* =7.9 Hz, 2H, ARH), 7.34 (d, *J* = 7.9 Hz, 2H, ARH), 6.99 (s, 2H, NH_2, permutável por D_2O), 4.91 (s, 1H, CH). ^{13}C-NMR (DMSOd6) δ = 171,43, 170,98, 162,44, 151,39, 138,12, 137,86, 137,24, 136,90, 134,68, 119,39, 85,14. Anal. Calcd para $C_{13}H_8N_4O_4S$: C, 49,35; H, 2,54; N, 17,70. Encontrado: C, 49.37; H, 2.55; N, 17.70.

Composto 8g: p.f. = 195-197°C. IR (KBr ν cm^{-1}) = 3319-3230 (NH, NH_2), 1719 (C=O), 2205 (CN);[1] H-NMR (400 MHz, DMSO-d6) δ = 11,72 (s, 1H, NH), 7.49 (d, *J* =8.0 Hz, 2H, ARH), 7.29

(d, J =8.0 Hz, 2H, ARH), 7.66 (s, 2H, NH_2, permutável por D_2O), 4.14 (s, 1H, CH). ^{13}C-NMR ($DMSO_{d6}$) δ= 167.30, 165.42, 165.01, 138.84, 130.10, 129.90, 129.10, 128.83, 128.10, 119.78, 78.42. Anal. Calcd para $C_{13}H_8N_3O_3S$: C, 53,93; H, 2,76; N, 14,50. Encontrado: C, 53.97; H, 2.79; N, 14.48.

Composto 8h: mp = 203-205°C. IR (KBr ν cm^{-1}) = 3546 (OH), 3374-3254 (NH, NH_2), 1708 (C=O), 2201 (CN); ^{1} H-NMR (400 MHz, DMSO-d_6) δ = 11,45 (s, 1H, OH), 10.12 (s, 1H, NH), 7.54 (d, J =7.8 Hz, 2H, ARH), 7.48 (d, J =7.8 Hz, 2H, ARH), 7.19 (s, 2H, NH_2, permutável por D_2O), 4.88 (s, 1H, CH). ^{13}C-NMR (DMSO-d_6) δ = 168,50, 164,63, 163,46, 165,60, 138,95, 138,18, 137,10, 137,03, 136,08, 118,94, 85,74. Anal. Calcd para $C_{13}H_9N_3O_3S$: C, 54,32; H, 3,15; N, 14,61. Encontrado: C, 54.35; H, 3.16; N, 14.63.

Composto 8i: p.f. = 188-190°C. IR (KBr ν cm^{-1}) = 3348-3262 (NH, NH), 1722 (C=O), 2209 (CN); ^{1} H-NMR (400 MHz, DMSO-d_6) δ = 12,68 (s, 1H, NH), 8,52 (d, J = 8,0 Hz, 2H, ARH), 7,94 (d, J = 8,0 Hz, 2H, ARH), 7.69 (s, 2H, NH_2, permutável por D_2O), 4.16 (s, 1H, CH). ^{13} C-NMR (DMSO-d_6) δ = 164.98, 161.22, 160.54, 132.56, 132.02, 130.90, 130.12, 129.29, 125.44, 120.07, 86.92. Anal. Calcd para $C_{13}H_8N_3O_2SCl$: C, 51.01; H, 2.64; N, 13.72, Cl; 11.60. Encontrado: C, 51.07; H, 2.64; N, 13.70, Cl; 11.57.

Composto 8j: p.f. = 185-187°C. IR (KBr ν cm^{-1}) = 3349-3208 (NH, NH_2), 1725 (C=O), 2202 (CN); 1H-NMR (400 MHz, DMSO-d_6) δ =11,31 (s, 1H, NH), 7,79 (s, 1H, ArH), 7,74-7,66 (m, 2H, ArH), 7,11 (s, 2H, NH_2, permutável por D_2O), 4,64 (s, 1H, CH). ^{13}C-NMR (DMSO-d_6) δ = 169.18, 165.20, 164.92, 151.18, 141.93, 141.01, 135.40, 134.95, 133.15, 132.75, 132.04, 118.14, 80.11. Anal. Calcd para $C_{13}H_7N_3O_2SCl_2$: C, 45.88; H, 2.03; N, 12.34, Cl; 20.84. Encontrado: C, 45.90; H, 2.07; N, 12.35, Cl; 20.80.

Composto 8k: p.f. = 208-210°C. IR (KBr ν cm^{-1}) = 3341-3220 (NH, NH_2), 1709 (C=O), 2213 (CN); ^{1} H-NMR (400 MHz, DMSO-d_6) δ = 10,49 (s, 1H, NH), 7,78-7,69 (m, 3H, ArH), 7,35 (s, 2H, NH_2, permutável por D_2O), 4,15 (s, 1H, CH). ^{13}C-NMR (DMSO-d_6) δ = 167,59, 160,87, 157,36, 153,25, 134,68, 134,09, 132,14, 131,77, 127,54, 118,11, 84,32. Anal. Calcd para $C_{11}H_7N_3O_2S_2$: C, 47,62; H, 2,51; S, 23,12, N, 15,11. Encontrado: C, 47.64; H, 2.54; S.23.10; N, 15.15.

2.6.4 Atividade catalítica para a síntese do derivado 12a-k da 4,8-di-hidro-7H-5-tia-1,2,3,3a,7,8-hexaaza-s-indacen-6-ona

Num balão redondo, as soluções aquáticas do aldeído aromático **9a-k** (1 mmol), da 2,4 tiazolidinediona **10** (1 mmol), do 5-aminotetrazol **11** (1 mmol) e do complexo de Pd(II) (BSPPd) 10 mol % foram misturadas em 30 ml (v/v) de H_2O/EtOH (3:1) sob refluxo durante o tempo aceitável desejado. Após terminar a reação de acordo com o teste de cromatografia em camada fina (TLC), a mistura reacional foi deixada arrefecer até à temperatura ambiente e o catalisador foi filtrado. O material orgânico foi extraído com acetato de etilo (3x10 mL) e o derivado **12a-k** da 4,8-di-hidro-7H-5-tia-1,2,3,3a,7,8-hexaaza-s-indacen-6-ona combinado com a fase orgânica foi lavado com água, seco sobre Na2SO4 anidro e concentrado sob pressão reduzida. O produto sólido resultante foi filtrado e recristalizado a partir de 10 ml de etanol para obter um produto puro que, em primeiro lugar, foi elucidado pelos seus pontos de fusão e, em seguida, caracterizado por espectros de pH, IV, ^{1} H-NMR e ^{13} C-NMR.

2.6.4.1 Recuperação e reutilização de catalisadores

A partir do processo catalítico heterogéneo, o catalisador BSPPd foi facilmente separado por filtração e pode ser reutilizado várias vezes com a mesma eficácia, aproximadamente. O complexo filtrado foi lavado com etanol e água bidestilada. Após secagem a 90°C (durante 3 horas), o catalisador foi reciclado para uma nova corrida em condições de reação típicas.

2.6.4.2 Dados espectrais para a síntese do derivado 12a-k da 4,8-di-hidro-7H-5-tia-1,2,3,3a,7,8-hexaaza-s-indacen-6-ona

Composto 12a: mp = 225-230°C. IR (KBr v cm^{-1}) = 3241 (NH), 1715 (C=O), 1589 (C=N); 1H-NMR (400 MHz, DMSO-d6) 6 = 11,91 (s, 1H, NH), 7.74-7.50 (d, *J* = 8.1 Hz, 2H, ARH), 7.48-7.43 (t, *J* = 8.1 Hz, 3H, ARH), 5.21 (s, 1H, CH), 4.23 (s, 1H, NH). ^{13}C-NMR (DMSO-d6) 6 = 169,50, 168,23, 167,68, 150,17, 133,48, 132,21, 130,38, 129,65, 124,01. Anal. Calcd para $C_{11}H_8N_6OS$: C, 48,50; H, 2,94; N, 30,85. Encontrado: C, 48.52; H, 2.96; N, 30.86.

Composto 12b: p.f. = 242-245°C. IR (KBr v cm^{-1}) = 3282 (NH), 1722 (C=O), 1601 (C=N);^{1}H-NMR (400 MHz, DMSO-d6) 6 = 9,85 (s, 1H, NH), 7,50 (d, *J* = 8.0 Hz, 2H, ARH), 7,05 (d, *J* = 8,0 Hz, 2H, ARH), 5,51 (s, 1H, CH), 4,20 (s, 1H, NH), 3,90 (s, 3H, OCH3). ^{13}C-NMR (DMSO-d6) 6 = 162,10, 159,01, 158,18, 138,85, 137,53, 135,22, 134,10, 128,20, 112,14, 58,42. Anal. Calcd para $C_{12}H_{10}N_6O_2S$: C, 47,66; H, 3,31; N, 27,80. Encontrado: C, 47.68; H, 3.33; N, 27.80.

Composto 12c: mp = 219-221°C. IR (KBr v cm^{-1}) = 3304 (NH), 1708 (C=O), 1592 (C=N);^{1}H-NMR (400 MHz, DMSO-d6) 6 = 12,55 (s, 1H, OH), 10.68 (s, 1H, NH), 8.10 (d, *J* = 8.1 Hz, 2H, ARH), 7.69 (d, *J* = 8.1 hz,2H, ARH), 5.56 (s, 1H, CH), 5.18 (s, 1H, NH). ^{13}C-NMR (DMSO-d6) 6 = 163,20, 162,17, 157,38, 156,24, 132,30, 130,54, 130,10, 129,89, 113,15. Anal. Calcd para $C_{11}H_8N_6O_2S$: C, 45,81; H, 2,78; N, 29,13. Encontrado: C, 45.83; H, 2.80; N, 29.15.

Composto 12d: p.f. = 248-252°C. IR (KBr v cm^{-1}) = 3221 (NH), 1718 (C=O), 1582 (C=N);^{1}H-NMR (400 MHz, DMSO-d6) 6 = 11,51 (s, 1H, NH), 7,88 (d, *J* =7,9 Hz, 2H, ARH), 7,63 (d, *J* = 7,9 Hz, 2H, ARH), 5,78 (s, 1H, CH), 4,93 (s, 1H, NH). ^{13}C-NMR (DMSO-d6) 6 = 163,50, 158,63, 157,46, 138,95, 138,44, 136,23, 135,10, 131,92, 110,16. Anal. Calcd para $C_{11}H_7N_7O_3S$: C, 41,63; H, 2,21; N, 30,90. Encontrado: C, 41.64; H, 2.22; N, 30.90.

Composto 12e: p.f. = 268-272°C. IR (KBr v cm^{-1}) = 3280 (NH), 1714 (C=O), 1584 (C=N);^{1}H-NMR (400 MHz, DMSO-d6) 6 = 11,97 (s, 1H, NH), 7,54 (d, *J* = 8.0 Hz, 2H, ARH), 7,44 (d, *J* = 8,0 Hz, 2H, ARH), 5,63 (s, 1H, CH), 4,80 (s, 1H, NH), 2,16 (s, 3H, CH_3). 13C-NMR (DMSO-d6) 6 = 163.16, 156.34, 154.94, 138.74, 134.39, 133.17, 131.41, 129.98, 126.23, 123.15, 102.78, 22.95. Anal. Calcd para $C_{12}H_{10}N_6OS$: C, 50.33; H, 3.50; N, 29.33. Encontrado: C, 50.34; H, 3.52; N, 29.35.

Composto 12f: p.f. = 240-244°C. IR (KBr v cm^{-1}) = 3274 (NH), 1708 (C=O), 1601 (C=N);^{1}H-NMR (400 MHz, DMSO-d6) 6 = 11,21 (s, 1H, NH), 7,92 (s, 1H, ArH), 7,73 (s, 1H, ArH), 7,32 (s, 1H, ArH), 5,61 (s, 1H, CH), 4,45 (s, 1H, NH). ^{13}C-NMR (DMSO- d6) 6 = 165.10, 158.30, 157.52, 129.34, 129.10, 128.42, 128.13, 122.46, 89.43. Anal. Calcd para $C_9H_6N_6O_2S$: C, 41,21; H, 2,30; N, 32,04. Encontrado: C, 41.22; H, 2.31; N, 32.05.

Composto 12g: p.f. = 245-248°C. IR (KBr v cm'^{1}) = 3259 (NH), 1719 (C=O), 1586 (C=N);^{1}H-NMR (400 MHz, DMSO-d6) 6 = 12,56 (s, 1H, NH), 8,05 (s, 1H, ArH), 7,66 (s, 1H, ArH), 7,29 (s, 1H, ArH), 5,45 (s, 1H, CH), 4,72 (s, 1H, NH). ^{13}C-NMR (DMSO- d6) 6 = 163,41, 158,62, 141,82, 130,10, 129,44, 128,63, 127,57, 123,10, 85,27. Anal. Calcd para $C_9H_6N_6OS_2$: C, 38,82; H, 2,16; N, 30,20. Encontrado: C, 38.84; H, 2.17; N, 30.20.

Composto 12h: p.f. = 243-246°C. IR (KBr v cm'^{1}) = 3274 (NH), 1708 (C=O), 1601 (C=N);^{1}H-NMR (400 MHz, DMSO-d6) 6 = 9,54 (s, 1H, NH), 7.22 (s, 1H, NH), 6.92 (s, 1H, ArH), 6.88 (s, 1H, ArH), 6.65 (s, 1H, ArH), 4.86 (s, 1H, CH), 4.65 (s, 1H, NH). ^{13}C'NMR (DMSO'd6) 6 = 164.01, 157.70, 132.66, 131.52, 130.42, 129.54, 129.18, 120.20, 89.27. Anal. Calcd para $C_{10}H_9N_7O$: C, 49,36; H, 3,72; N, 40,30. Encontrado: C, 49.38; H, 3.73; N, 40.31.

Composto 12i: p.f. = 258-260°C. IR (KBr v cm'^{1}) = 3212 (NH), 1715 (C=O), 1580 (C=N);^{1}H'NMR (400 MHz, DMSO'd6) 6 = 13,42 (s, 1H, NH), 7,84 (d, *J* = 7,9 Hz, 2H, ARH), 7,35 (d, *J* = 7,9 Hz, 2H, ARH), 6,39 (s, 1H, CH), 4,13 (s, 1H, NH). ^{13}C'NMR (DMSO'd6) 6 = 168.04, 167.70, 158.18, 135.44, 132.40, 132.00, 130.81, 129.77, 109.81 Anal. Calcd para $C_{11}H_7N_6OSCl$: C, 43.05; H, 2.29; N, 27.40, Cl; 11.56. Encontrado: C, 43,07; H, 2,30; N, 27,40, Cl; 11,51.

Composto 12j: p.f. = 250-252°C. IR (KBr v cm'[1]) = 3201 (NH), 1725 (C=O), 1595 (C=N);[1] H'NMR (400 MHz, DMSO'd6) 6 = 13,21 (s, 1H, NH), 8,19 (d, *J* = 8,0 Hz, 2H, ARH), 7,79 (d, *J* = 8,0 Hz, 2H, ARH), 5,80 (s, 1H, CH), 4,77 (s, 1H, NH). [13]C'NMR (DMSO'd6) 6 = 163.15, 158.64, 158.13, 136.88, 136.57, 128.42, 127.56, 126.72, 110.24. Anal. Calcd para C11H7N6OSF: C, 45,50; H, 2,42; N, 28,92. Encontrado: C, 45.51; H, 2.43; N, 28.95.

Composto 12k: mp = 278-280°C. IR (KBr v cm^{-1}) = 3290 (NH), 1709 (C=O), 1587 (C=N); 1H-NMR (400 MHz, DMSO-d6) 6 = 13,32 (s, 1H, NH), 8,84 (d, *J* = 8,1 Hz, 2H, ARH), 8,10 (d, *J* = 8,1 Hz, 2H, ARH), 6,25 (s, 1H, CH), 4,42 (s, 1H, NH). ^{13}C-NMR (DMSO-d6) 6 = 167,15, 158,61, 157,60, 138,51, 137,43, 136,41, 134,39, 133,15, 114,17. Anal. Calcd para C11H7N6OSBr: C, 37.60; H, 2.00; N, 23.90, Br; 22.75. Encontrado: C, 37,62; H, 2,01; N, 23,93, Br; 22,72.

2.6.5 Atividade catalítica para a síntese de derivados de 6-piperidina-1-il-4,8-di-hidro-5-tia-1,2,3,3a,7,8-hexaaza-s-indaceno 17a-k

Num balão redondo, misturaram-se soluções aquáticas de aldeído aromático **13a-k** (1mmol), rodanina **14** (1 mmol), pipredina **15** (1 mmol), 5-aminotetrazol **16** e complexo BSGPd (10 mol%) em 30 mL de EtOH:H2O (1:3) sob agitação (a 80°C). Após terminar a reação de acordo com o teste de cromatografia em camada fina (TLC), a mistura reacional foi deixada arrefecer até à temperatura ambiente e o catalisador foi filtrado. O material orgânico foi extraído com acetato de etilo (3x10 mL) e os derivados **17a-k** do 6-piperidin-1-il- 4,8-di-hidro-5-tia-1,2,3,3a,7,8-hexaaza-s-indaceno combinados com a fase orgânica foram lavados com água e secos sobre Na_2SO_4 anidro. O produto sólido resultante foi filtrado e recristalizado a partir de 10 mL de etanol para obter um produto puro, que foi primeiramente elucidado pelo seu ponto de fusão e depois caracterizado por espectros de pH, IV,[1] H-NMR e[13] C-NMR.

2.6.5.1 Recuperação e reutilização de catalisadores

O catalisador BSGPd foi facilmente separado por filtração e pode ser reutilizado várias vezes com quase a mesma eficácia utilizando um método catalítico heterogéneo. O complexo filtrado foi lavado com etanol e água bidestilada. O catalisador foi reutilizado para uma nova corrida em condições de reação padrão após secagem a 90 °C (durante 3 horas).

2.6.5.2 Dados espectrais para a síntese dos derivados de 6-piperidina-1-il-4,8-di-hidro-5-tia-1,2,3,3a,7,8-hexaaza-s-indaceno 17a-k

Composto 17a: p.f. = 248-250°C. IR (KBr v cm^{-1}) = 3141 (NH), 1H-NMR (400 MHz, DMSO-d6) 6 = 7,63-7,52 (m; 6H; 1 NH + 5 ArH), 5,41 (s, 1H, CH), 3,91 (t; 2H; CH2), 3,63 (t; 2H; CH2), 1,68 (m; 6H; 3CH2). ^{13}C-NMR (DMSO-d6) 6 = 161,17, 158,44, 152,49, 130,36, 129,72, 128,96, 128,40, 125,13, 98,48, 51,93, 25,65, 24,18. Anal. Calcd para C16H17N7S: C, 56,51; H, 5,04; N, 28,88. Encontrado: C, 56.62; H, 5.05; N, 28.89.

Composto 17b: p.f. = 278-280°C. IR (KBr v cm^{-1}) = 3115 (NH); 1H-NMR (400 MHz, DMSO-d6) 6 = 8,13-7,56 (m; 8H; 1NH + 7 ArH), 5,28 (s, 1H, CH), 3,89 (t; 2H; CH2), 3,58 (t; 2H; CH2), 1,65 (m; 6H; 3CH2). ^{13}C-NMR (DMSO-d6) 6 = 160,85, 158,31, 151,49, 142,21, 135,19, 134,96, 134,33, 131,90, 129,25, 122,42, 94,48, 54,47, 21,69, 20,97. Anal. Calcd para C20H19N7S: C, 61,66; H, 4,91; N, 25,15. Encontrado: C, 61.68; H, 4.92; N, 25.17.

Composto 17c: p.f. = 204-206°C. IR (KBr v cm^{-1}) = 3144 (NH); 1H-NMR (400 MHz, DMSO-d6) 6 = 7,53 (s; 1H; NH), 7,16 (m; 3H; ArH), 6,12 (s; 2H; CH2), 5,18 (s; 1H; CH), 3,90 (t; 2H; CH2), 3.65 (t; 2H; CH2), 1.69 (m; 6H; 3CH2).[13] C-NMR (DMSO-d6) 6 =160.77, 159.80, 152.63, 135.29, 133.47, 131.52, 130.09, 123.45, 88.26, 80.05, 55.36, 23.42, 22.19. Anal. Calcd para C17H17N7O2S: C, 53,24; H, 4,47; N, 25,55. Encontrado: C, 53.25; H, 4.47; N, 25.57.

Composto 17d: p.f. = 256-258°C. IR (KBr v cm^{-1}) = 3141 (NH); 1H-NMR (400 MHz, DMSO-d6) 6 = 7,64-7,59 (m; 5H; 1NH + 4 ArH), 5,22 (s, 1H, CH), 3,92 (t; 2H; CH2), 3,63 (t; 2H; CH2), 1,69 (m; 6H; 3CH2). ^{13}C-NMR (DMSO-d6) 6 =161.58, 158.21, 154.15, 138.94, 134.75, 133.40, 132.27, 129.52, 100.07, 54.92, 24.18, 23.48. Anal. Calcd para C16H16N7SCl: C, 51.40; H, 4.30; N, 26.20,

Cl; 9.48. Encontrado: C, 51.40; H, 4.31; N, 26.23, Cl; 9.44.

Composto 17e: p.f. = 274-276°C. IR (KBr v cm^{-1}) = 3180 (NH); 1H-NMR (400 MHz, DMSO-d6) 6 = 7,76-7,58 (m; 4H; 1NH + 3 ArH), 5,61 (s, 1H, CH), 3,92 (t; 2H; CH_2), 3,60 (t; 2H; CH_2), 1,68 (m; 6H; $3CH_2$). ^{13}C-NMR (DMSO-d6) 6 = 159.15, 158.76, 151.10, 137.63, 136.50, 131.22, 129.29, 128.45, 125.18, 123.08, 84.32, 52.24, 23.16, 22.10. Anal. Calcd para $C_{16}H_{14}N_7SCl_2$: C, 47.05; H, 3.69; N, 23.99, Cl; 17.37. Encontrado: C, 47.07; H, 3.70; N, 24.01, Cl; 17.34.

Composto 17f: p.f. = 268-270°C. IR (KBr v cm^{-1}) = 3164 (NH); 1H-NMR (400 MHz, DMSO-d6) 6 = 10,15 (s, 1H, OH), 7,54 (s, 1H, NH), 7,49 (d, *J=8.1 Hz*, 2H, Arm), 6.91 (d, *J=8.1 Hz*, 2H, ArH), 5.73 (s, 1H, CH), 3.90 (t; 2H; CH_2), 3.59 (t; 2H; CH_2), 1.67 (m; 6H; $3CH_2$). ^{13}C-NMR (DMSO-d6) 6 =159.62, 153.74, 149.87, 134.92, 133.66, 131.22, 130.17, 124.36, 98.60, 53.25, 23.34, 22.42. Anal. Calcd para $C_{16}H_{17}N_7OS$: C, 54,03; H, 4,80; N, 27,55. Encontrado: C, 54.07; H, 4.82; N, 27.59.

Composto 17g: p.f. = 275-277°C. IR (KBr v cm^{-1}) = 3149 (NH); 1H-NMR (400 MHz, DMSO-d6) 6 = 10,27 (s, 1H, OH), 7,94 (s, 1H, NH), 7,44-6,92 (m, 4H, ArH), 5,27 (s, 1H, CH), 3,88 (t; 2H; CH_2), 3,57 (t; 2H; CH_2), 1,66 (m; 6H; $3CH_2$). ^{13}C-NMR (DMSO- d6) 6 =160.35, 155.10, 152.45, 143.64, 135.20, 133.95, 131.59, 131.18, 130.12, 124.37, 96.28, 53.48, 22.68, 22.14. Anal. Calcd para $C_{16}H_{17}N_7OS$: C, 54,02; H, 4,78; N, 27,53. Encontrado: C, 54.04; H, 4.79; N, 27.55.

Composto 17h: p.f. = 263-265°C. IR (KBr v cm^{-1}) = 3154 (NH); 1H-NMR (400 MHz, DMSO-d6) 6 = 7,59-7,30 (m, 5H, 1NH + 4ArH), 5,54 (s, 1H, CH), 3,90 (t; 2H; CH_2), 3,60 (t, 2H, CH_2), 2,35 (s, 3H, CH_3), 1,67 (m; 6H; $3CH_2$). ^{13}C-NMR (DMSO-d6) 6 = 159.91, 155.20, 145.08, 134.69, 133.53, 132.48, 131.62, 130.16, 92.57, 53.73, 22.26, 21.13, 20.58. Anal. Calcd para $C_{17}H_{19}N_7S$: C, 57,76; H, 5,40; N, 27,72. Encontrado: C, 57.77; H, 5.42; N, 27.74.

Composto 17i: p.f. = 258-260°C. IR (KBr v cm^{-1}) = 3167 (NH); 1H-NMR (400 MHz, DMSO-d6) 6 = 7,58 (s, 1H, NH), 7,55 (d, *J=8,0 Hz*, 2H, ArH), 7,07 (d, *J=8.0 Hz*, 2H, Arm), 5,42 (s, 1H, CH), 3,89 (t; 2H; CH_2), 3,83 (s; 3H; OCH_3), 3,59 (t; 2H; CH_2), 1,67 (m; 6H; $3CH_2$). ^{13}C-NMR (DMSO-d6) 6 = 160,77, 156,80, 154,59, 138,54, 137,63, 136,12, 135,39, 130,18, 101,48, 71,07, 55,38, 23,46, 21,10. Anal. Calcd para $C_{17}H_{19}N_7OS$: C, 55,25; H, 5,17; N, 26,53. Encontrado: C, 55,27; H, 5,18; N, 26,54.

Composto 17j: p.f. = 247-249°C. IR (KBr v cm^{-1}) = 3138 (NH); 1H-NMR (400 MHz, DMSO-d6) 6 = 7,60 (s, 1H, NH), 7,41-7,16 (m, 4H, ArH), 5,44 (s, 1H, CH), 3,91 (t; 2H; CH_2), 3,81 (s; 3H; OCH_3), 3,60 (t; 2H; CH_2), 1,67 (m; 6H; $3CH_2$). ^{13}C-NMR (DMSO- d6) 6 =159.74, 156.66, 150.78, 150.17, 133.85, 131.95, 130.28, 129.96, 129.43, 128.91,
99.52, 69.37, 53.24, 23.11, 22.72. Anal. Calcd para $C_{17}H_{19}N_7OS$: C, 55,25; H, 5,17; N, 26,53. Encontrado: C, 55,27; H, 5,18; N, 26,54.

Composto 17k: p.f. = 252-254°C. IR (KBr v cm^{-1}) = 3220 (NH); 1H-NMR (400 MHz, DMSO-d6) 6 = 7,88 (s, 1H, NH), 7,82-7,23 (m, 3H, ArH), 5,33 (s, 1H, CH), 3,90 (t; 2H; CH_2), 3,59 (t; 2H; CH_2), 1,67 (m; 6H; $3CH_2$). ^{13}C-NMR (DMSO-d6) 6 =160,52, 155,78, 152,12, 143,56, 139,94, 135,45, 132,27, 129,98, 97,55, 54,64, 25,10, 22,18. Anal. Calcd para $C_{14}H_{15}N_7S_2$ C, 48,66; H, 4,37; S, 18,55, N, 28,37. Encontrado: C, 48.68; H,4.38; S.18.56 ;N, 28.38.

3 Resultados

Neste capítulo, são apresentados os resultados da preparação e caraterização dos ligandos derivados de tiazol-guanidina preparados e dos seus complexos. Inclui os dados de caraterização dos ligandos testados e dos seus complexos utilizando os seguintes parâmetros: IR,^{1} H-NMR,^{13} C-NMR, monocristal, análises elementares, espectros UV-visível, determinação da estequiometria, análise térmica, condutividade molar, momento magnético, estabilidade ao pH e cálculos DFT. O potencial catalítico dos complexos testados foi testado na síntese de 7-amino -4,5-dihidro-tetrazolo [1,*5-a*] pirimidina-6-carbonitrilas, 5-amino -2-oxo-3,7-dihidro-2H-pirano [2,*3-d*] tiazol-6-carbonitrilos, 4,8-di-hidro-7H- 5-tia-1,2,3,3a,7,8-hexaaza-s-indacen-6-onas e 6-piperidin-1-il-4,8-di-hidro-5-tia-1,2,3,3a,7,8-hexaaza-s-indacenos em reação num único frasco por protocolo verde.

3.1 Identificação dos ligandos derivados de tiazol-guanidina preparados e dos respectivos complexos

3.1.1 Síntese do ligando N-benzotiazol-2-il-guanidina (BSG) e dos seus complexos metálicos

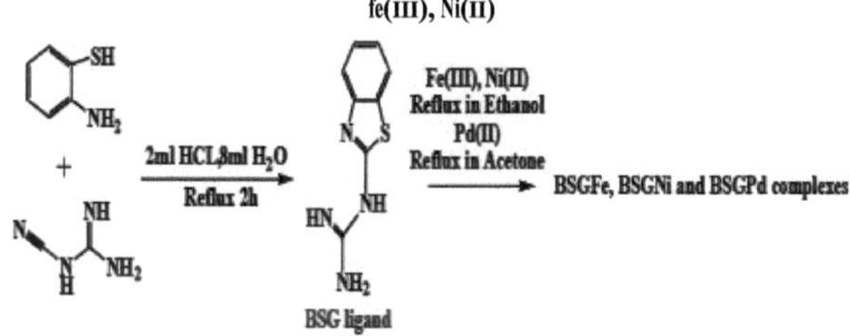

Esquema 1. Estratégia sintética para a preparação do ligando N-benzotiazol-2-il-guanidina (BSG) e dos seus complexos metálicos

3.1.2 Síntese do ligando 2-(benzotiazol-2-ilimino)-2,3-dihidro-1H-imidazol-4-ol (BSI) e os seus complexos metálicos

BSG ligand + Br–CH₂–C(O)OEt → (Fusion, drops of ACOH) → BSI ligand

Fe(III), Ni(II) Reflux in Ethanol; Pd(II) Reflux in Acetone

BSIFe, BSINi and BSIPd complexes

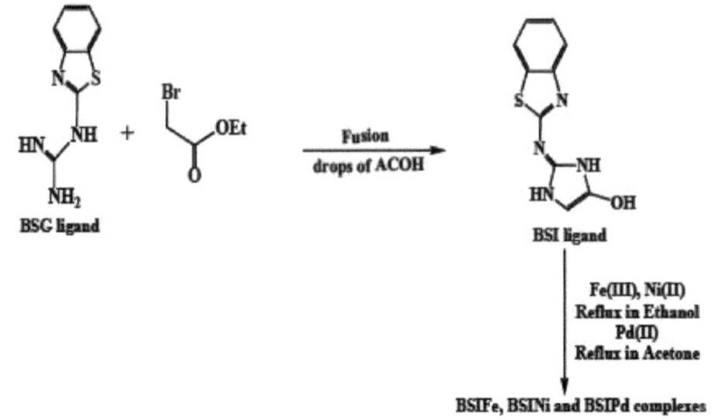

Esquema2. Estratégia sintética para a preparação de 2-(benzotiazol-2-ilimino)-2,3-ligando dihidro-1H-imidazol-4-ol (BSI) e seus complexos metálicos

3.1.3 Síntese do benzotiazol 2-il (3,4 di-hidro 4,6 - dimetil-1H-pirimidina 2-ylideno) amina ligando (BSP) e os seus complexos metálicos

BSG ligand + acetylacetone → (Fusion, drops of ACOH) → BSP ligand

Fe(III), Ni(II) and Pd(II) Reflux in DMF Piperidine

BSPFe, BSPNi and BSPPd complexes

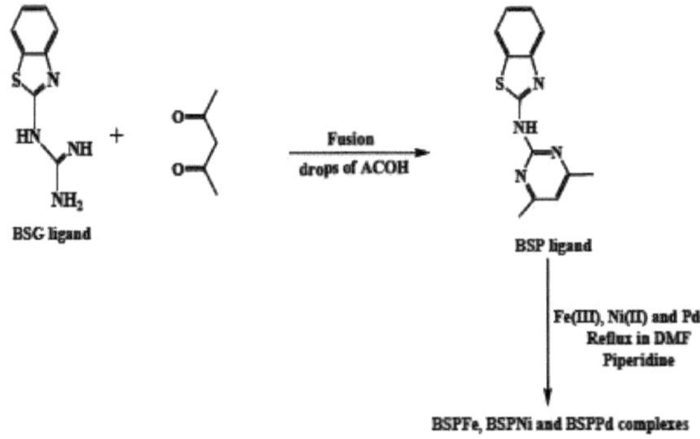

Esquema3. Estratégia sintética para a preparação do ligando benzotiazol-2-il-(4,6-dimetil-3,4-dihidro-1H-pirimidin-2-ilideno)-amina (BSP) e dos seus complexos metálicos

3.2 Caracterização dos ligandos derivados do tiazol-guanidina e dos seus complexos

3.2.1 Determinação da estrutura cristalina de raios X

A determinação da estrutura de raios X de monocristais dos ligandos BSG e BSP foi efectuada utilizando Bruker APEX2; refinamento de células: Bruker SAINT; programa(s) utilizado(s) para resolver a estrutura: SHELXS97; programa(s) usado(s) para refinar a estrutura: SHELXL97; gráficos moleculares: XSEED. [**Soliman, et al., 2014**]

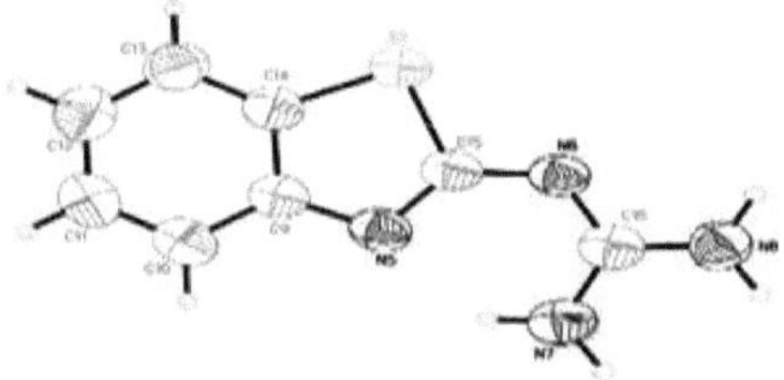

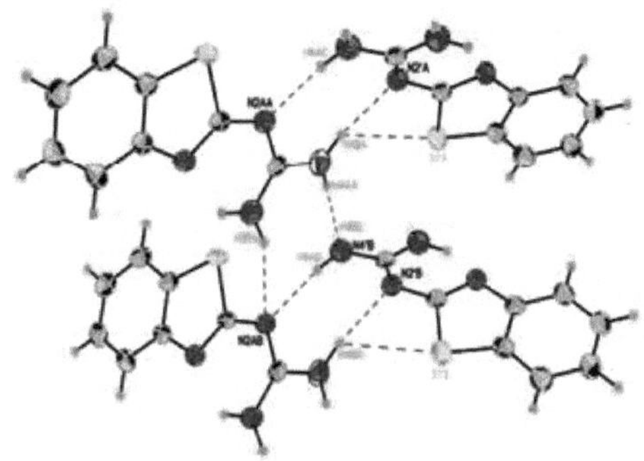

(**Figura 1**): imagens de cristal de raios X do ligando BSG

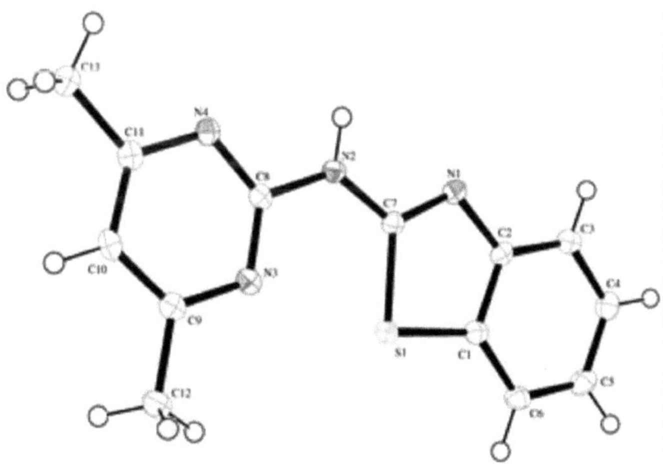

(**Figura 2**): imagens de cristal de raios X do ligando BSP

3.2.2 Pontos de fusão

Os pontos de fusão para os ligandos preparados e os valores da temperatura de decomposição para os complexos preparados foram registados na **(Tabela 1)** **(Tabela 1):** Os ligandos sintetizados e os seus complexos, abreviaturas, pontos de fusão e temperatura de decomposição

Compostos	Abreviaturas	Cor	P.M. e

			temperatura de decomposição
N-Benzotiazol-2-il-guanidina	BSG	Verde pálido	175
Fe(III)-N-Benzotiazol-2-il-guanidina	BSGFe	Castanho	>300
Ni(II)-N-Benzotiazol-2-il-guanidina	BSGNi	Verde	270
Pd(II)-N-Benzotiazol-2-il-guanidina	BSGPd	Laranja	290
2-(Benzothiazol-2-ylimino)-2,3 - di-hidro- 1H-imidazol-4-ol	BSI	Branco	208
Fe(III)-2-(Benzotiazol-2-ilimino)- 2,3-di-hidro-1H-imidazol-4-ol	BSIFe	Castanho escuro	270
Ni(II)-2-(Benzotiazol-2-ilimino)- 2,3-di-hidro-1H-imidazol-4-ol	BSINi	Verde pálido	280
Pd(II)-2-(Benzotiazol-2-ilimino)- 2,3-di-hidro-1H-imidazol-4-ol	BSIPd	Laranja	260
Benzotiazol-2-il-(4,6-dimetil-3,4-dihidro-1H-pirimidina-2-ilideno)-amina	BSP	Amarelo pálido	235
Fe(III)-Benzotiazol-2-il-(4,6- dimetil-3,4-dihidro-1H-pirimidin-2-ilideno)-amina	BSPFe	Vermelho escuro	>300
Ni(II)- Benzotiazol-2-il-(4,6- dimetil-3,4-dihidro-1H-pirimidin-2-ilideno)-amina	BSPNi	Verde escuro	>300
Pd(II)-Benzotiazol-2-il-(4,6- dimetil-3,4-dihidro-1H-pirimidin-2-ilideno)-amina	BSPPd	Laranja	285

3.2.3 Espectros de infravermelhos

Os espectros de IV fornecem informações suficientes para elucidar a natureza da ligação do ligando ao ião metálico **(Tabela 2 e Figura 3- 5)**

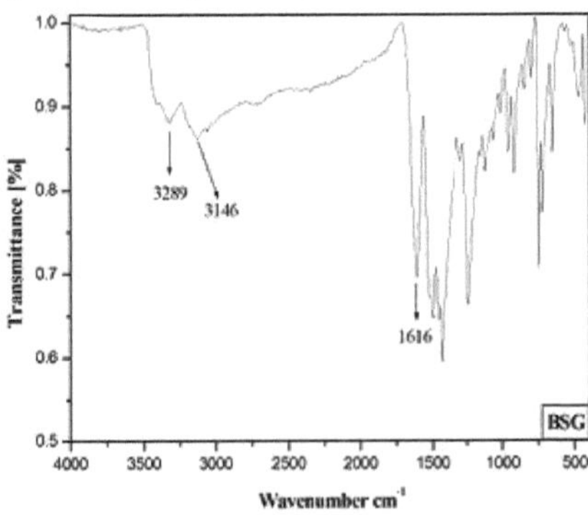

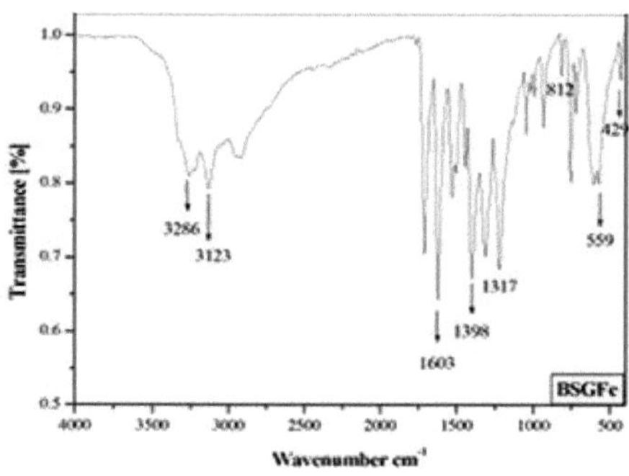

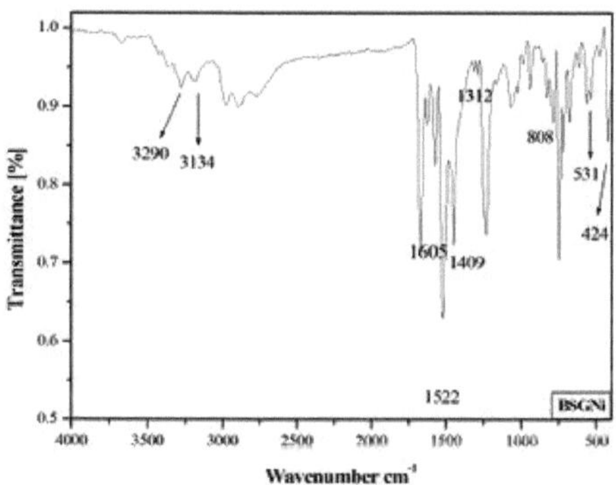

(Figura 3): Espectro de IV do ligando BSG sintetizado e dos seus complexos BSGFe e BSGNi

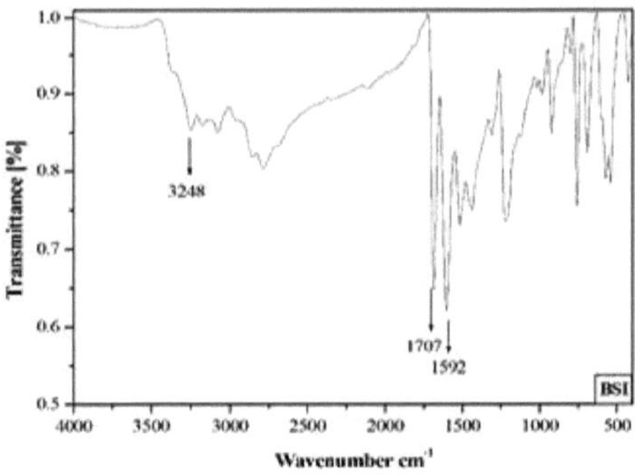

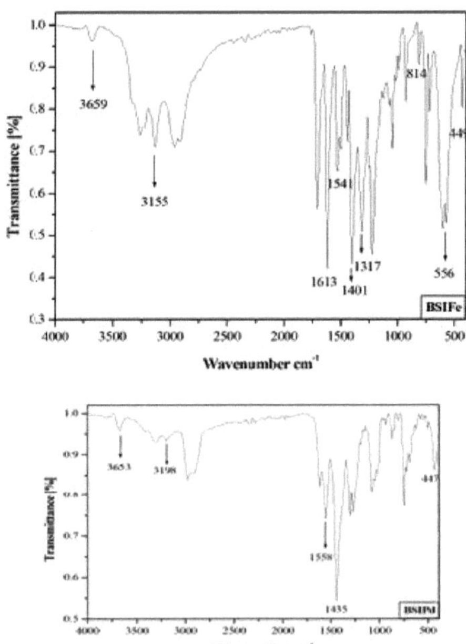

(**Figura 4):** Espectro de IV do ligando BSI sintetizado e dos seus complexos BSIFe e BSIPd

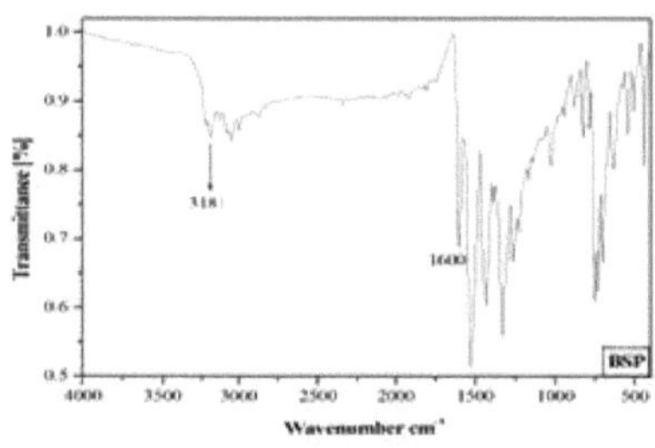

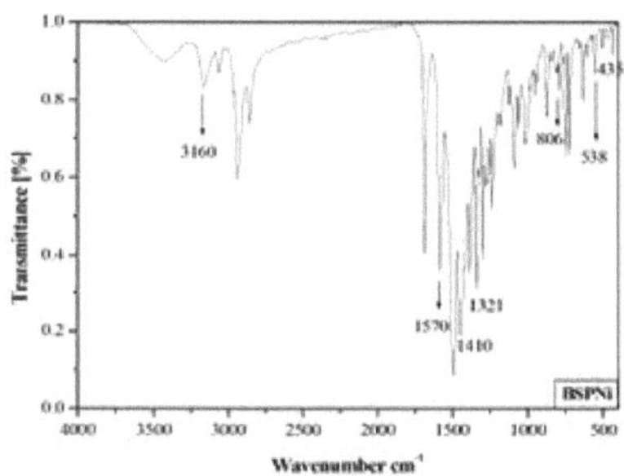

(Figura 5): Espectro de IV do ligando BSP sintetizado e do seu complexo BSSPNi

(Tabela 2): Bandas IR caraterísticas (cm^{-1}) dos ligandos sintetizados e dos seus complexos:

Composto	c(NH)	c(C=N)	T(CH)ar	r(NO_3)	r(CO)	M-O	M-N
BSG	3146	1616	3004	-	-	-	-
BSGFe	3123	1603	2998	1398, 1317, 812	-	559	429
BSGNi	3134	1605	3001	1409, 1312, 808	-	531	424
BSGPd	3130	1604	3005	-	1445	516	421
BSI	3248	1592	3010	-	-	-	-
BSIFe	3155	1541	3004	1401, 1317, 812	-	556	449
BSINi	3175	1544	3002	1399, 1315, 814	-	542	436
BSIPd	3198	1558	3009	-	1416	531	447
BSP	3181	1600	3045	-	-	-	-
BSPFe	3168	1579	3047	1418, 1316, 810	-	540	431
BSPNi	3160	1570	3052	1410, 1321, 806	-	538	437
BSPPd	3163	1565	3057	-	1401	546	435

3.2.4 Espectros NMR

Os dados espectrais de^{1} H-NMR e^{13} C-NMR do ligando sintetizado foram registados em DMSO-d6 e listados nas **(Figuras 4-9)** e **(Tabela 4).**

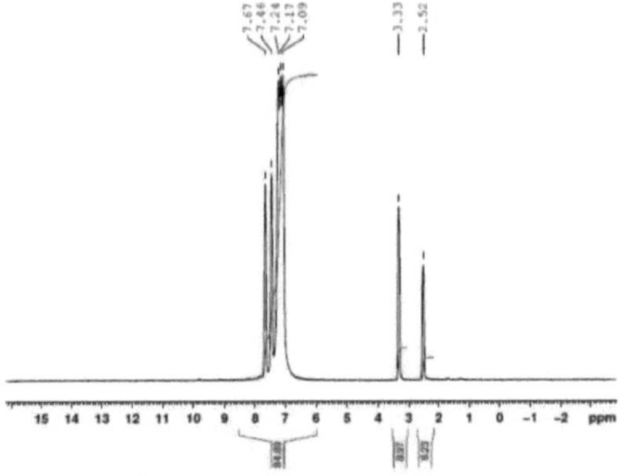

(Figura 6): ^{1}Espectro H-NMR do ligando BSG sintetizado

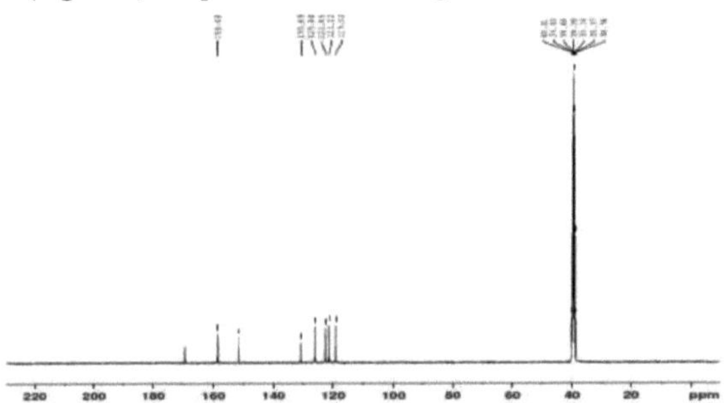

(Figura 7): ^{13}Espectro de C-NMR do ligando BSG sintetizado

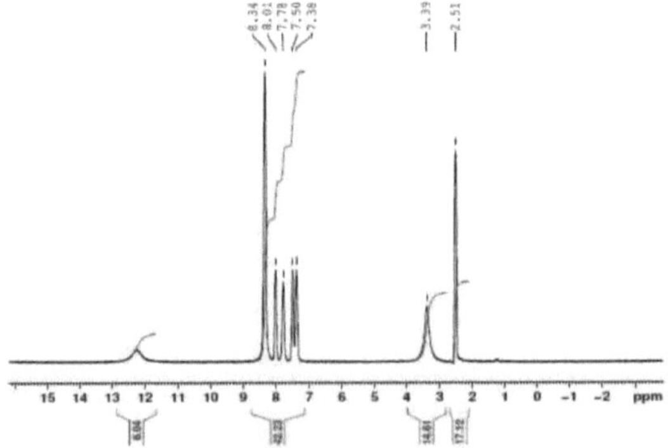

(Figura 8): ^{1}Espectro H-NMR do ligando BSI sintetizado

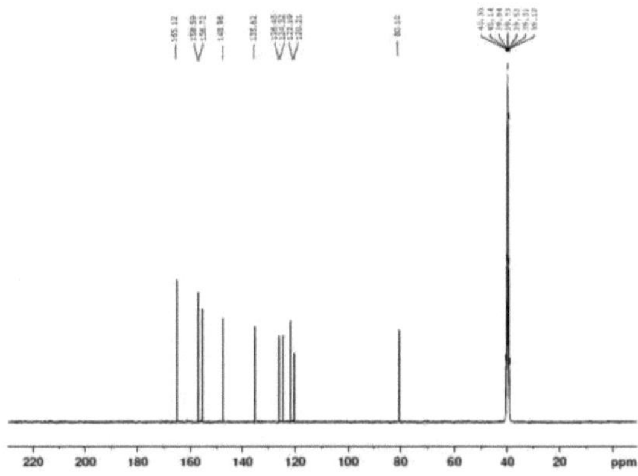

(Figura 9): ^{13} Espectro de C-NMR do ligando BSI sintetizado

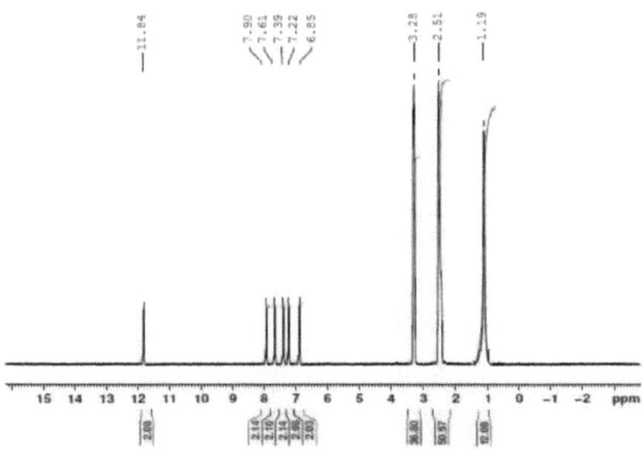

(Figura 10): ^{1}Espectro H-NMR do ligando BSP sintetizado

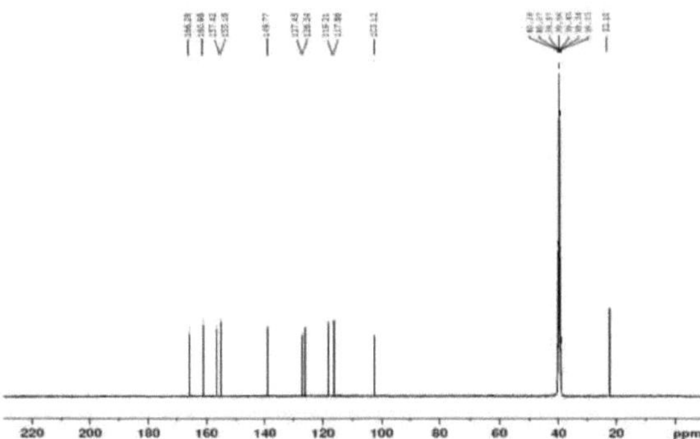

(Figura 11): ^{13}Espectro de C-NMR do ligando BSP sintetizado

(Tabela 3): [1]Dados espectrais de RMN-H dos ligandos sintetizados.

Compostos	1H-NMR (6, ppm)
BSG	7,67 (s,1H, NH) , 7,46-7,24 (m, 5H, ArH+ NH), 7,17-7,09 (s, 2H, NH2)
BSI	12,66 (s,1H, OH) , 8,41-8,34 (m, 4H, ArH), 8,01 (s, 1H, NH), 7,78 (s, 1H, NH), 7,50-7,38 (d, 1H, CH)
BSP	11,84 (s,1H, NH) , 7,90 (s, 1H, ArH), 7,61 (s, 1H, ArH), 7,39 (s, 1H, ArH), 7,22 (s, 1H, ArH), 6,65 (s, 1H, CH), 1,19 (s, 6H, 2CH3)

(Tabela 4): [13] Dados espectrais de RMN-C dos ligandos sintetizados.

Compostos	13C-NMR (6, ppm)
BSG	170.15, 158.48, 152.38, 130.69, 125.88, 122.45, 121.22, 119.02
BSI	165.12, 158.59, 156.72, 148.96, 135.62, 126.45, 124.32, 122.19, 120.21, 80.10
BSP	166.28, 160.98, 157.42, 155.18, 149.77, 127.45, 126.34, 119.21, 117.86, 103.13, 22.10

3.2.5 Espectros electrónicos moleculares dos ligandos preparados e dos seus complexos

Os espectros electrónicos dos ligandos preparados e dos seus complexos em DMF foram analisados na gama de comprimentos de onda 200-800 nm a 298 K e listados na **(Tabela 5-7)** e mostrados nas **(Figuras 12-14).**

(Tabela 5): Espectros electrónicos moleculares, Xmax (nm) e s_{ma} x (dm3 $mol^{'1}$ cm^{-1}) dos ligando BSG preparado e os seus complexos em DMF a 298 K contra DMF como um branco

Ligando BSI e seus complexos	Xmax (nm)	smáximo (dm^3 mol^{-1} mm)$^{-1}$	Atribuição
BSG	238	1757	n >n*
	274	1964	n>n*
	322	1884	n >n*
BSGFe	240	1176	n >n*
	275	1370	n >n* n>n*
	329	1348	Transição LMCT
	395	1728	d>d
	421	1735	
BSGNi	235	1621	n >n*
	274	1849	n >n*
	328	1800	n >n*
	394	402	LMCT
	477	245	d >d transição
BSGPd	239	1665	n >n*
	274	1864	n >n*
	328	1866	n>n*
	370	1742	LMCT
	411	1180	transição d>d

(Quadro 6): Espectros electrónicos moleculares, Xmax (nm) e smax (dm^3 mol-1 cm^{-1}) do ligando BSI preparado e dos seus complexos em DMF a 298 K contra DMF como branco

Ligando BSI e seus complexos	^ max (nm)	smáximo (dm^3 mol^{-1} mm)$^{-1}$	Atribuição

BSI	240	1610	n >n*
	273	1840	n>n*
	321	1700	n >n*
BSIFe	238	1350	n >n*
	274	1590	n >n*
	328	1540	n>n*
	396	1920	LMCT
	419	1900	transição d>d
BSINi	242	1620	n >n*
	278	1840	n >n*
	328	1800	n >n*
	379	221	LMCT
	428	155	transição d>d
BSIPd	241	1430	n >n*
	274	1660	n >n*
	329	1620	n>n*
	395	1940	LMCT
	413	1630	transição d>d

(Tabela 7): Espectros electrónicos moleculares, xmax (nm) e s_{ma} x (dm3 mol'^{1} cm^{-1}) do ligando BSP preparado e dos seus complexos em DMF a 298 K contra DMF como branco

Ligante BSP e seus complexos	^ max (nm)	s máximo **(dm^{3} mol^{-1} mm)$^{-1}$**	**Atribuição**
BSP	272	1330	n >n*
	292	1580	n>n*
	325	1650	n >n*
BSPFe	295	330	n >n*
	324	370	n >n*
	361	440	n>n*
	399	980	LMCT
	418	1070	transição d>d
BSPNi	277	472	n >n*
	295	692	n >n*
	323	695	n >n*
	364	797	LMCT
	376	956	transição d>d
BSPPd	295	800	n >n*
	323	850	n >n*
	363	900	n>n*

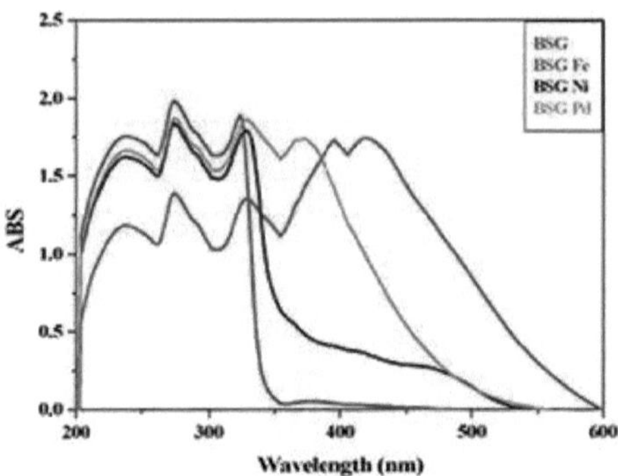

(Figura 12): Espectros electrónicos moleculares do ligando BSG sintetizado e dos seus complexos em DMF a 298 K

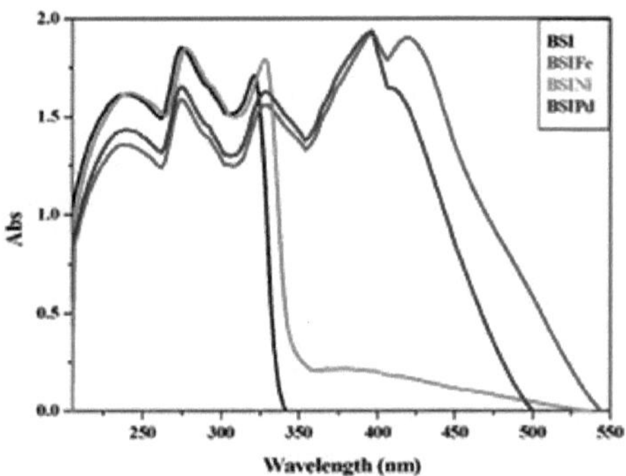

(Figura 13): Espectros electrónicos moleculares do ligando BSI sintetizado e dos seus complexos em DMF a 298 K

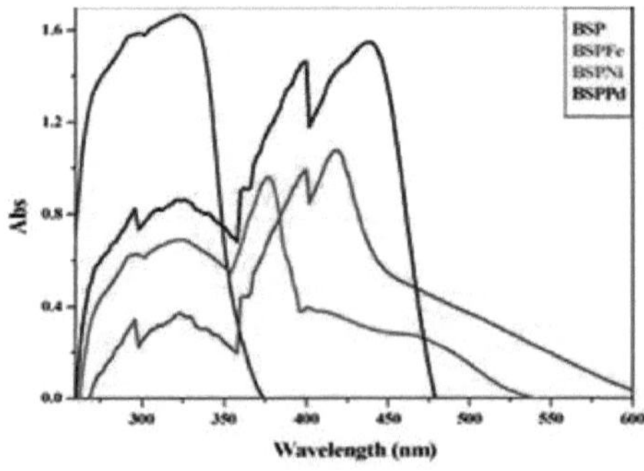

(Figura 14): Espectros electrónicos moleculares do ligando BSP sintetizado e dos seus complexos em DMF a 298 K

3.2.6 Análises elementares dos ligandos preparados e dos seus complexos

As análises elementares referem-se sempre a análises CHN para investigar a fórmula e a composição dos ligandos preparados com os seus complexos, onde foram determinados os teores de carbono, hidrogénio e azoto. Os dados analíticos dos ligandos e dos seus complexos comparados com a fórmula molecular esperada são apresentados na **(Tabela 8).**

(Tabela 8): Resultados das análises elementares dos ligandos sintetizados e seus complexos.

Composto	**Fórmula empírica (Peso das fórmulas)**	**Análise (%) Encontrado (Calc.)**		
		C	**H**	**N**
BSG	C8H8N4S (192.2)	49.92 (49.94)	4.22 (4.i6)	29.07 (29.i3)
BSGFe	CieHzoNiiOiiSiFe (662)	29.09 (29.0i)	2.99 (3)	23.3i (23.26)
BSGNi	Ci6Hi8NioO7S2Ni (585.2)	32.79 (32.8)	3.i6 (3.07)	23.97 (23.92)
BSGPd	Ci2Hi8N4O6SPd (452.8)	3i.89 (3i.8i)	4.00 (3.98)	i2.33 (i2.36)
BSI	C10H8N4OS (232.3)	51.77 (51.65)	3.43 (3.44)	24.18 (24.10)
BSIFe	C2oHi6NiiOiiS2Fe (706.4)	34..06 (34.01)	2.34 (2.26)	21.77 (21.80)
BSINi	C20H20N ioOioS2Ni (683.3)	35.22 (35.12)	2.98 (2.92)	20.47 (20.48)
BSIPd	Ci4Hi6N4O6SPd (474)	35.12 (35.3)	3.51 (3.4)	11.65 (11.7)
BSP	C13H12N4S (256,3)	60.95 (60.9)	4.77 (4.7)	21.93 (21.9)
BSPFe	C26H26N iiOioS2Fe (772.5)	40.49 (40.4)	3.44 (3.4)	19.89 (19.9)
BSPNi	C26H26N10O7S2N (713)	43.82 (43.8)	3.71 (3.7)	19.67 (19.64)
BSPPd	C^N^SPd (517)	39.57 (39.5)	4.23 (4.25)	10.91 (10.9)

3.2.7 Espectrofotometria de massa

O sistema de espetroscopia de massa foi utilizado para confirmar a pureza dos compostos, bem como para explorar a fragmentação caraterística e o peso molecular esperado são dados no **(Esquema 4-6)** e **(Figura 15-23).**

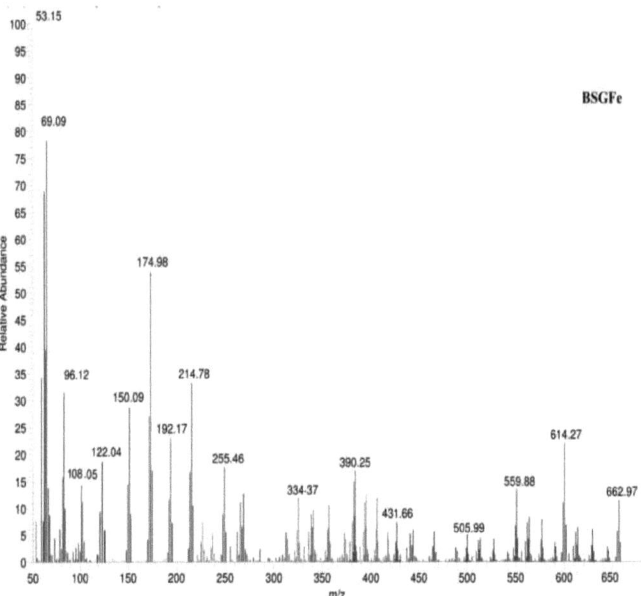

(Figura 15): Espectrometria de massa do complexo BSGFe

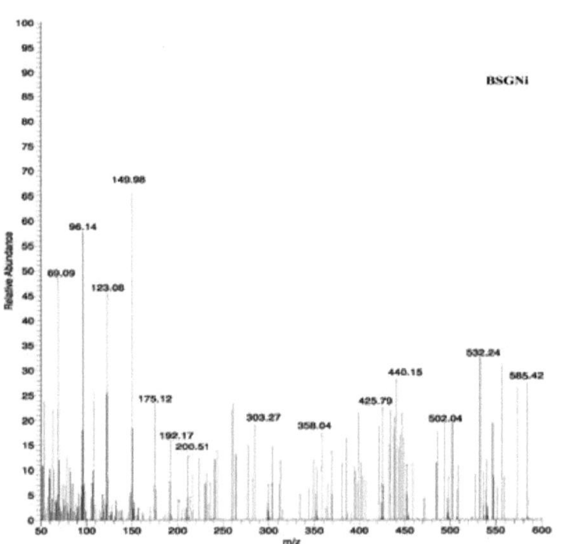

(Figura 16): Espectrometria de massa do complexo BSGNi

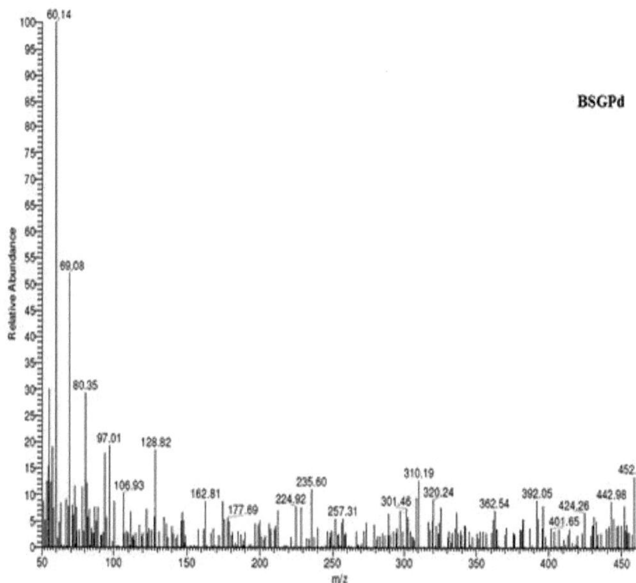

(Figura 17): Espectrometria de massa do complexo BSGPd

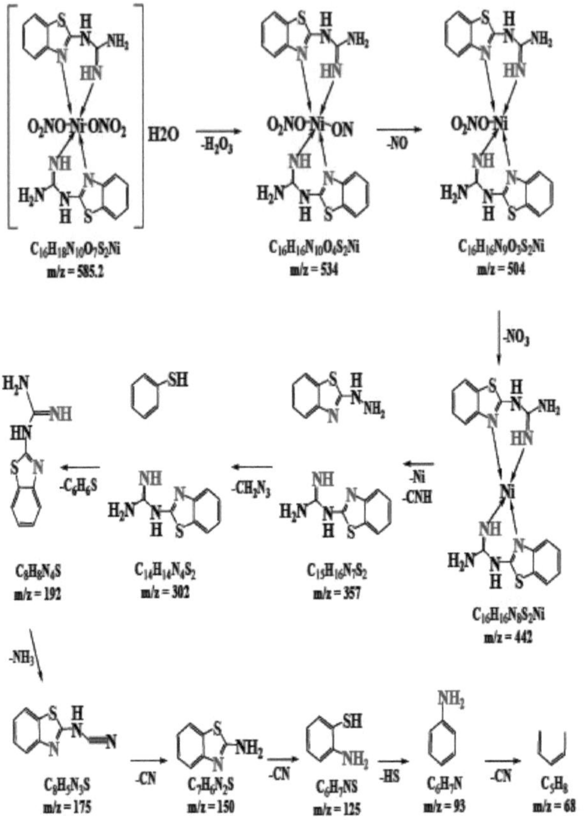

Esquema.4 Via de fragmentação do complexo BSGNi. Por baixo de cada estrutura, são apresentadas as massas exactas das partículas e as respectivas fórmulas químicas

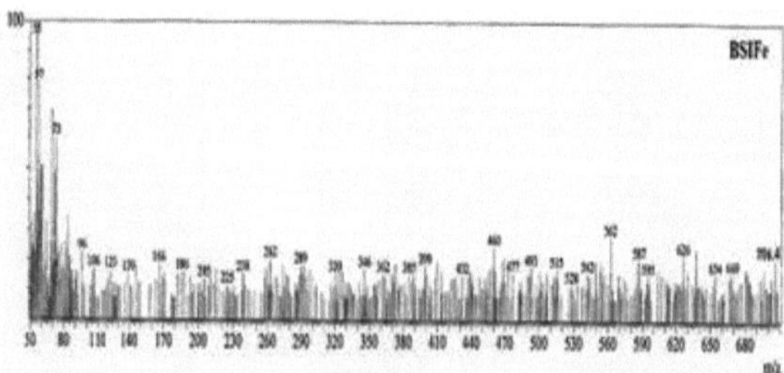

(Figura 18): Espectrometria de massa do complexo BSIFe

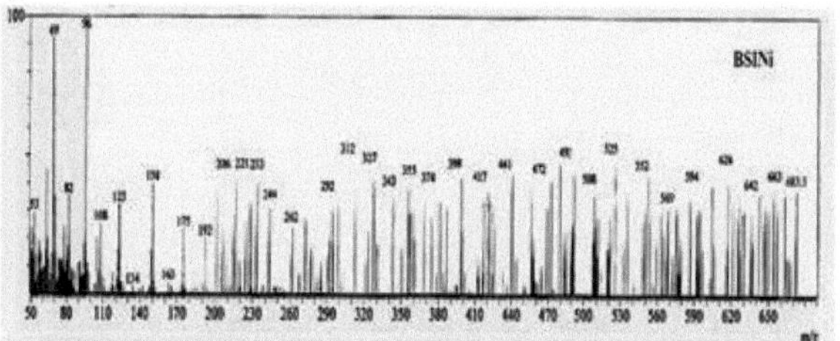

(Figura 19): Espectrometria de massa do complexo BSINi

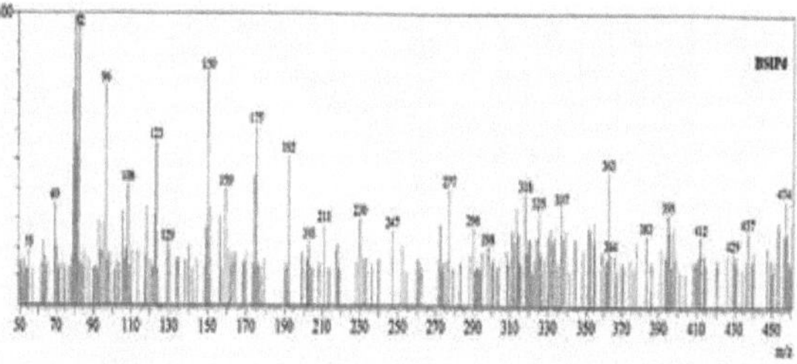

(Figura 20): Espectrometria de massa do complexo BSINi

$C_{20}H_{16}N_{11}O_{11}S_2Fe$ m/z =706.4 → $-NO_4$ → $C_{20}H_{16}N_{10}O_7S_2Fe$ m/z =628.4 → $-NO_3$ → $C_{20}H_{16}N_9O_4S_2Fe$ m/z =566.4 → $-NO_2$ → $C_{20}H_{16}N_8O_2S_2Fe$ m/z =520.4 → -Fe → $C_{20}H_{16}N_8O_2S_2$ m/z =464 → $-C_{10}H_8N_4OS$ → $C_{10}H_8N_4OS$ m/z =232 → $-C_2O$ → $C_8H_8N_4S$ m/z = 192 → $-C_2HN_3$ → C_6H_7NS m/z = 125 → -HS → C_6H_7N m/z = 93 → $-C_2H_3N$ → C_4H_8 m/z = 56

Esquema.5 Via de fragmentação do complexo BSIFe. Por baixo de cada estrutura, são apresentadas as massas exactas das partículas e as respectivas fórmulas químicas

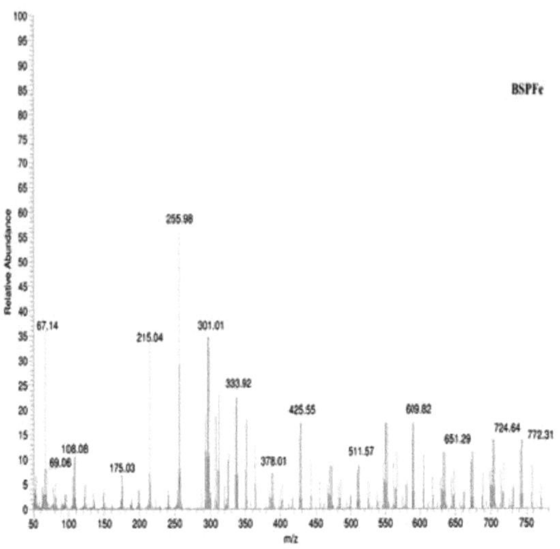

(Figura 21): Espectrometria de massa do complexo BSPFe

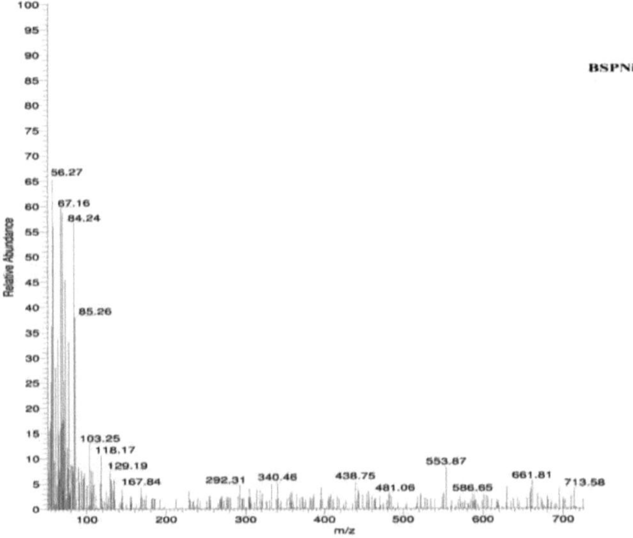

(Figura 22): Espectrometria de massa do complexo BSPNi

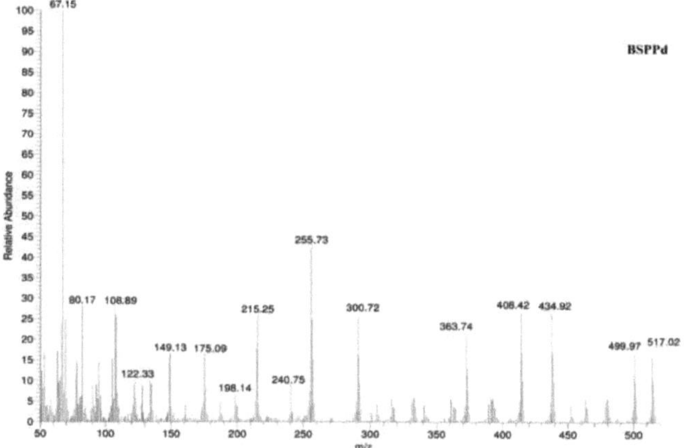

(Figura 23): Espectrometria de massa do complexo BSPPd

$C_{17}H_{22}N_4O_6SPd$ m/z = 517 — 2H2O — $-H_2O$ → $C_{17}H_{20}N_4O_5SPd$ m/z = 499 — H_2O — $-CH_3O_3$ → $C_{16}H_{15}N_4O_2SPd$ m/z = 434 — $-C_2H_3$ → $C_{14}H_{12}N_4O_2SPd$ m/z = 407 — -Pd → COO $C_{14}H_{12}N_4O_2S$ m/z = 301 — $-CO_2$ → $C_{13}H_{12}N_4S$ m/z = 257 — $-C_3H_7$ → $C_{10}H_5N_4S$ m/z = 215 — $-C_2N$ → $C_8H_7N_3S$ m/z = 177 — -CHN → $C_7H_6N_2S$ m/z = 150 — $-CN_2$ → C_6H_6S m/z = 110 — -H2S → C_6H_6 m/z = 78 — -C → C_5H_8 m/z = 68

Esquema.6 Via de fragmentação do complexo BSPPd. Por baixo de cada estrutura, são apresentadas as massas exactas das partículas e as suas fórmulas químicas

3.2.8 Determinação da estequiometria dos complexos preparados em soluções

Os métodos espectrofotométricos de variação contínua e de razão molar são utilizados para determinar a estequiometria dos complexos sintetizados.

3.2.8.1 Método das variações contínuas

Neste método, as soluções de sais metálicos e de ligandos foram combinadas, agitadas e deixadas em equilíbrio. A absorvância foi medida em λ_{max} para cada solução e representada em função da fração molar do ião metálico ou da fração molar dos ligandos sintetizados **(Figuras 24-26)**

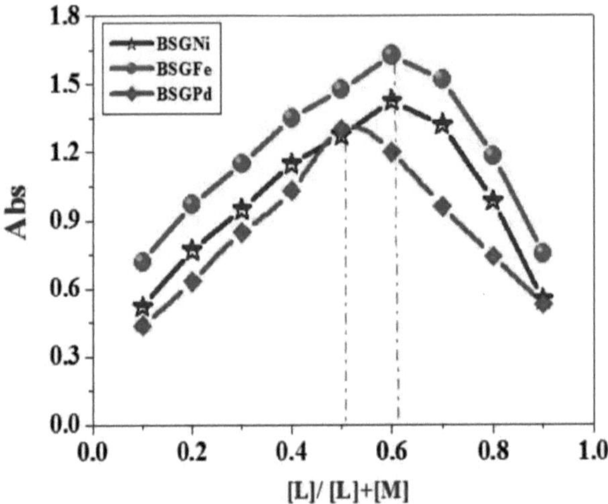

(Figura 24): As curvas do método jop' s dos complexos BSG sintetizados em DMF a [M]=[BSG]=10^{-3} M a 298 K

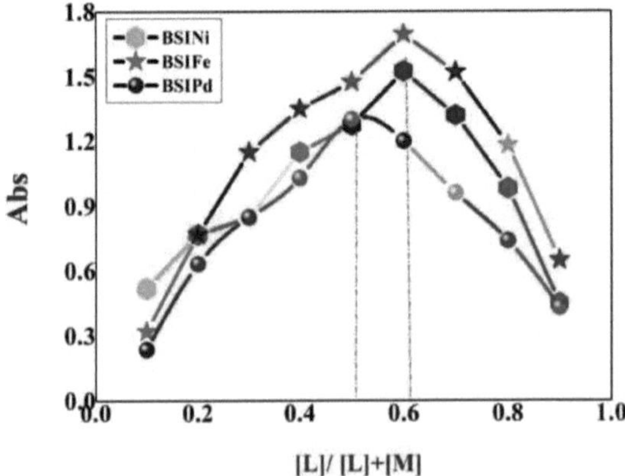

(Figura 25): As curvas do método jop' s dos complexos BSI sintetizados em DMF a [M]=[BSI]=10^{-3} M a 298K.

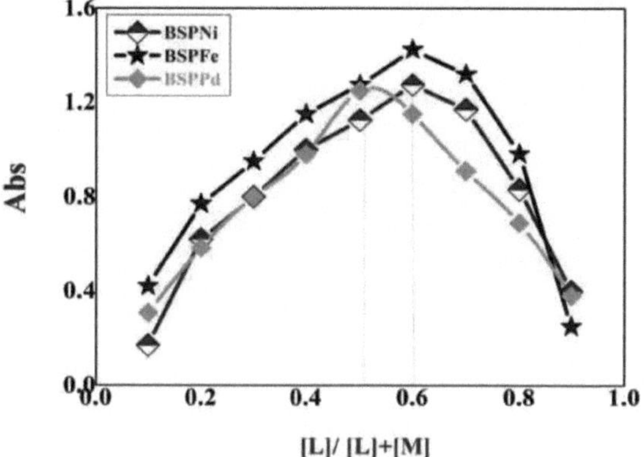

(Figura 26): As curvas do método jop' s dos complexos BSP sintetizados em DMF a [M]=[BSP]=10^{-3} M a 298K.

3.2.8.2 Método da razão molar

Foi sintetizado um conjunto de soluções contendo uma concentração constante de iões Fe(III), Ni(II) e Pd(II) e uma concentração variável de ligandos. A absorvância foi medida a x_{max} para cada solução de complexos sintetizados. Os dados dos resultados são apresentados nas **(Figuras 27-29)**.

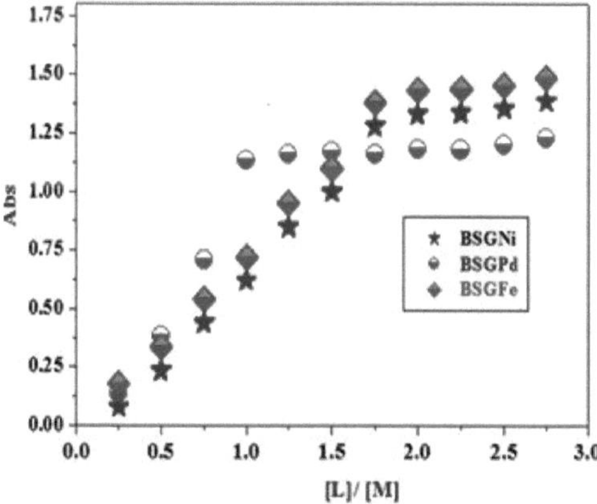

(Figura 27): As curvas do método da razão molar dos complexos BSG sintetizados em DMF a [M] = [BSG] =10^{-3} M a 298 K

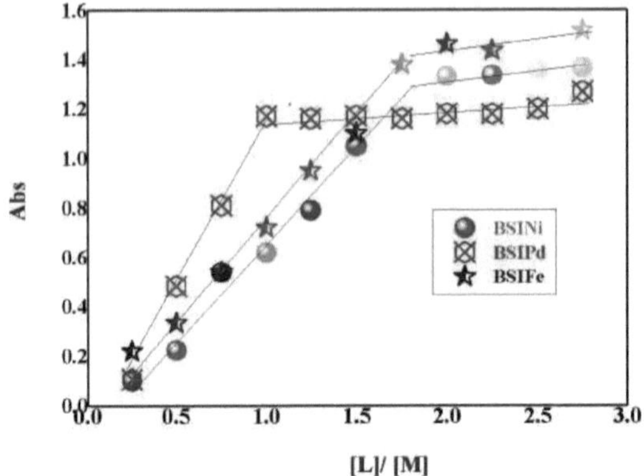

(Figura 28): As curvas do método da razão molar dos complexos BSI sintetizados em DMF a [M] = [BSI] $=10^{-3}$ M a 298 K

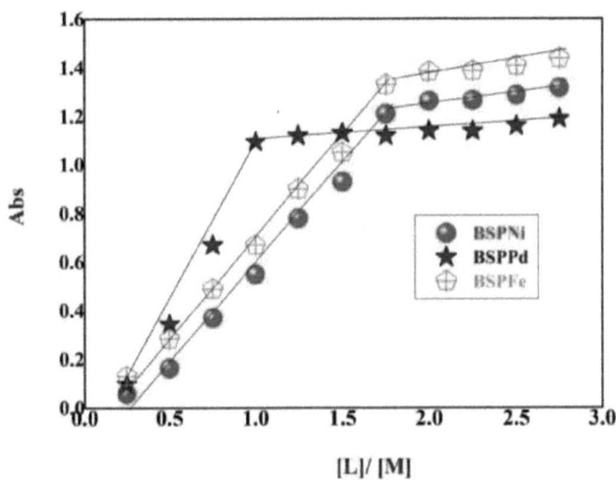

(Figura 29): As curvas do método da razão molar dos complexos BSP sintetizados em DMF a [M] = [BSP] $=10^{-3}$ M a 298 K

3.2.8.3 Determinação da constante de formação aparente dos complexos preparados

Os valores das constantes de formação (Kf) dos complexos sintetizados foram calculados a partir de medições espectrofotométricas, utilizando o método de variação contínua. Além disso, os valores da constante de estabilidade (log Kf) e da energia livre de Gibbs (AG*) dos complexos sintetizados foram estimados como mostrado na **(Tabela 9)**.

(Tabela 9): A constante de formação (Kf), as constantes de estabilidade (log Kf) e os valores da energia livre de Gibb (AG*) dos complexos preparados em DMF a 298 K

Complexo	Kf	Log Kf	A(G*) K J mol^{-1}
BSGFe	7.48 x 10^7	7.87	-44.20
BSGNi	5.12 x 10^7	7.70	-43.98

BSGPd	3.4 x 10^4	4.53	-52.85
BSIFe	9.55 x 10^7	7.98	-45.52
BSINi	7.35 x 10^7	7.87	-44.88
BSIPd	8.9 x 10^4	4.95	-28-24
BSPFe	6.25 x 10^7	7.79	-44 .47
BSPNi	3.18 x 10^7	7.50	-42.80
BSPPd	1.65 x 10^4	4.22	-24.06

3.2.9 Análise térmica dos complexos sintetizados

A estabilidade térmica e o comportamento de decomposição dos complexos metálicos foram estudados utilizando a técnica de termogravimetria (TGA). Esta técnica desempenha um papel importante no estudo das propriedades dos complexos metálicos. A termogravimetria (TGA) é aplicada para determinar a estabilidade térmica dos complexos metálicos e a sua relação com a estrutura química destes complexos, bem como a estequiometria dos produtos de decomposição voláteis derivados. A análise TGA de todos os complexos estudados foi adequadamente controlada à taxa de aquecimento

10° C /min a 850° C sob atmosfera inerte (N_2 líquido). Os resultados da análise TGA para todos os complexos sintetizados estão registados na **(Tabela 10 a-c)** e (**Figuras 30-32**).

(Tabela 10a): Análise termogravimétrica dos complexos BSG sintetizados

Complexo	**Temperatura °C**	**Perda de fragmentos %**		**Perda de peso %**	
		Fórmula molecular	**M.Wt**	**Encontrado**	**Calc**
BSGFe	47-172	2H2O+NO3	98	14.7	(14.8)
	173-284	N7O6H7	201	30.35	(30.36)
	285 354	CH	13	1.97	(1.96)
	355-520	C8N3S2	202	30.45	(30.50)
	523-710	C5H8	68	10.2	(10.2)
Residual	> 710	Fe + C2	80.5	12.2	(12.16)
BSGNi	56-140	H2O	18	3.1	(3.07)
	145-382	C2N2O6	148	25.2	(25.29)
	384- 437	N3H8	50	8.46	(8.54)
	438- 620	C9H2N5S2	244	41.7	(41.7)
	622- 755	C3H6	42	7.3	(7.2)
Residual	> 755	Ni + C2	82.5	14.2	(14.1)
BSGPd	54-310	2H2O + CH3COO	95	21	(20.9)
	310-572	C6H5N4O2S	197	43.5	(43.53)
	573-716	C3H4	40	8.8	(8.82)
Residual	> 720	Pd+CH2	120.5	26.7	(26.65)

(Tabela 10b): Análise termogravimétrica do complexo BSI sintetizado

Complexo	**Temperatura °C**	**Perda de fragmentos %**		**Perda de peso %**	
		Fórmula molecular	**M.Wt**	**Encontrado**	**Calc**
BSIFe	43- 158	NO3	62	8.7	(8.8)
	159- 207	C4H6N3O3	144	20.38	(20.4)

	208- 299	C6H4N5O5	226	31.99	(32)
	300- 543	C9H5N2S2	205	29	(28.99)
Residual	> 550	Fe + CH	69.5	9.83	(9.81)
BSINi	37-220	2H2O	36	5.2	(5.2)
	221-328	2NO3	124	18.1	(18.1)
	329- 418	C2H4NO2	74	10.95	(10.83)
	419-489	C6H6N7S2	240	35.1	(35.12)
	489- 578	C9H5	113	16..6	(16.5)
Residual	> 580	Ni + C3H	95.5	14.01	(13.98)
BSIPd	28-130	H2O	18	3.7	(3.6)
	131-188	C2H3O2	59	12.3	(12.2)
	189- 227	C2H4O3	76	16	(15.97)
	228-358	C3H3N2	67	14	(13.9)
	359-681	C6H3N2S	135	28.4	(28.3)
Residual	> 690	Pd+CH	119.5	25.3	(25.2)

(Tabela 10c): Análise termogravimétrica dos complexos BSP sintetizados

Complexo	Temperatura °C	Perda de fragmentos %		Perda de peso %	
		Fórmula molecular	M.Wt	Encontrado	Calc
BSPFe	53-214	H2O	18	2.3	(2.3)
	215-358	C13H16N9O9S2	506	65.45	(65.5)
	359- 560	C4H6N2	82	10.6	(10.6)
	563-741	C5H2	62	8.03	(8.03)
Residual	> 745	Fe + C4	104.5	13.6	(13.5)
BSPNi	86-306	C10H4N3O7	278	38.99	(39)
	307- 370	CH10N3	64	9.00	(8.97)
	372-586	C13H10N4S2	286	40.11	(40.11)
Residual	> 590	Ni + C2H2	84.5	11.9	(11.9)
BSPPd	51-122	H2O	18	3.45	(3.48)
	123-230	H2O + C2H3O2	77	14.86	(14.89)
	232-410	C5H8N2O2S	160	30.96	(30.94)
	412-537	C5H3N2	91	17.6	(17.6)
	538-735	C5H4	64	12.36	(12.37)
Residual	> 740	Pd	106.5	20.7	(20.6)

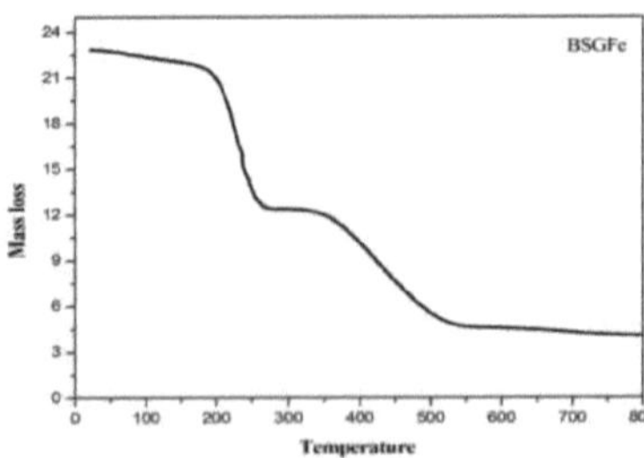

(Figura 30): TGA do complexo BSGFe preparado.

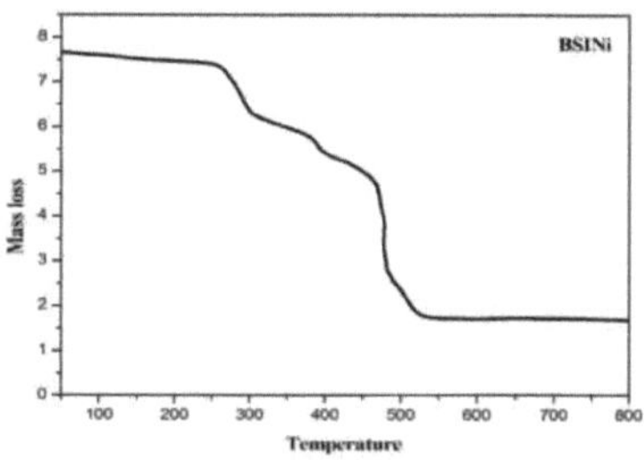

(Figura 31): TGA do complexo BSINi preparado.

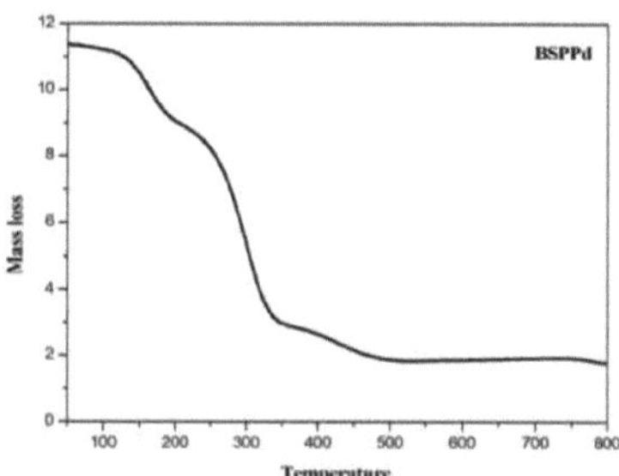

(Figura 32): TGA do complexo BSPPd preparado.

3.2.10 Estudos dos parâmetros cinéticos e termodinâmicos dos complexos preparados

Os parâmetros termocinéticos das etapas de decomposição dos complexos preparados estão listados na **(Tabela 11a-c)**. Os parâmetros de ativação termodinâmica dos processos de decomposição dos complexos preparados foram avaliados graficamente utilizando a relação Coast-Redfern.

(Tabela 11a): Os parâmetros de ativação termocinética dos complexos BSG sintetizados

Complexo	Temp. de decomposição °C	E* (K J mol)$^{-1}$	A (S)$^{-1}$	H*A (K J mol)$^{-1}$	AG* (K J mol)$^{-1}$	AS* (J mol K)$^{-1}$ $^{-1}$
BSGFe	109	31.29	0.004	30.39	61.06	-281.71
	229			29.39	95.32	-287.87
	319			28.64	121.37	-290.64
	436			27.67	155.52	-293.23
	617			26.17	208.87	-296.12
BSGNi	144	33.19	0.003	31.99	73.04	-285.02
	307			30.64	118.24	-291.32
	410			29.78	150.36	-293.73
	529			28.79	185.54	-295.85
	688			27.47	232.74	-298.03
BSGPd	182	94.09	0.001	92.572	146.05	-293.87
	441			90.419	223.26	-301.23
	644			88.731	284.75	-304.38

(Tabela 11b): Os parâmetros de ativação termocinética dos complexos BSI sintetizados

Complexo	Temp. de decomposição °C	E* (K J mol)$^{-1}$	A (S)$^{-1}$	H*A (K J mol)$^{-1}$	AG* (K J mol)$^{-1}$	AS* (J mol K)$^{-1}$ $^{-1}$
BSIFe	101	33.92	0.02	33.08	60.19	-268.48
	183			32.39	82.43	-273.42
	253			31.81	101.67	-276.11
	421			30.41	148.44	-280.35
BSINi	129	44.19	0.01	43.12	78.10	-278.13
	274			41.91	119.84	-284.40
	373			41.09	148.13	-286.96
	454			40.42	171.44	-288.59
	534			39.75	194.58	-289.94
BSIPd	79	28.62	0.01	27.95	49.28	-270.02
	159			27.28	71.14	-275.83
	208			26.88	84.72	-278.07
	293			26.17	108.47	-280.91
	520			24.28	172.84	-285.68

(Tabela 11c): Os parâmetros de ativação termocinética dos complexos BSP sintetizados

Complexo	Temp. de decomposição °C	E* (K J mol)$^{-1}$	A (S)$^{-1}$	H*A (K J mol)$^{-1}$	AG* (K J mol)$^{-1}$	AS* (J mol K)$^{-1}$ $^{-1}$
BSPFe	134	71.22	0.007	70.11	110.13	-298.70
	286			68.85	156.08	-305.01
	460			67.41	209.21	-308.94
	652			65.80	269.45	-311.87
BSPNi	196	59.54	0.009	57.90	112.90	-280.63
	338			56.72	153.11	-285.16
	478			55.56	193.24	-288.04
BSPPd	86	64.87	0.01	64.15	87.62	-272.90
	176			63.40	112.48	-278.86
	321			62.20	153.32	-283.85
	475			60.92	197.30	-287.11
	638			59.56	244.31	-289.57

3.2.11 Medições da condutividade eléctrica e do momento magnético dos complexos preparados

A condutância molar dos complexos preparados foi medida em relação à condutância molar do DMF como solvente em certas concentrações dos complexos sintetizados e as medições de suscetibilidade magnética para os complexos preparados foram calculadas e listadas na (**Tabela 12**) de acordo com a seguinte relação **[Abdel-Rahman et al., 2014; El-Tabl et al., 2015; Abdel-Rahman et al., 2015 a, b; Ahmed et al., 2020; Masoud et al., 2023]**.

$$H_{ef}f = 2,83\ VXj/T$$

Onde, p_{ef} o momento magnético (em Magneto de Bohr), B. M. onde T = temperatura (K).

$$X_M = X_M - (\text{diamag. corr})$$

X_M suscetibilidade magnética molar antes da correção, X_M suscetibilidade magnética molar após a correção.

(Tabela 12): Condutância molar e suscetibilidade magnética dos complexos preparados

Complexos	Condutância molar	p_{eff} (B. M.)	Geometria

	Am $(Q^{-1}\ cm^{2}\ mol)^{-1}$		
BSGFe	62.8	5.49	Octaédrico
BSGNi	22.5	2.47	Octaédrico
BSGPd	13	Diamagnético	Planeador quadrado
BSIFe	58.3	5.47	Octaédrico
BSINi	14.9	2.43	Octaédrico
BSIPd	13.8	Diamagnético	Planeador quadrado
BSPFe	57.3	5.53	Octaédrico
BSPNi	17.2	2.46	Octaédrico
BSPPd	14.1	Diamagnético	Planeador quadrado

3.2.12 Intervalo de estabilidade dos complexos testados em diferentes meios de pH

Em aplicações que vão desde operações industriais a processos biológicos, é importante ter uma medição exacta e precisa do pH. Os perfis de pH dos complexos sintetizados foram apresentados nas **(Figuras 33-35)** em DMF em diferentes meios de pH.

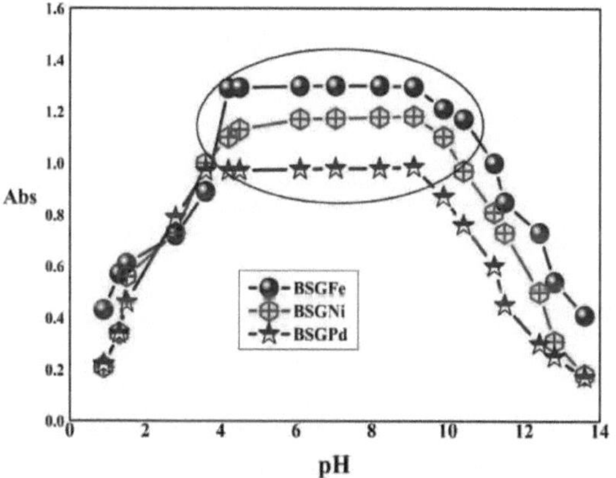

(Figura 33): A curva do perfil dos complexos BSG sintetizados a [complexo] =10 ^{3}M em DMF a 298K.

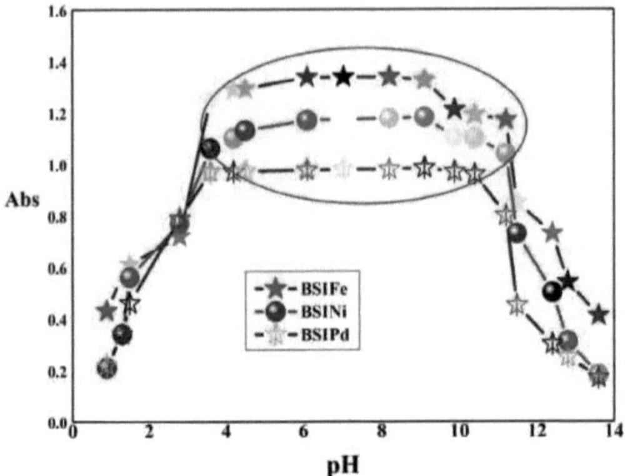

(Figura 34): A curva do perfil dos complexos BSI sintetizados a [complexo] =10 ^{3}M em DMF a 298K.

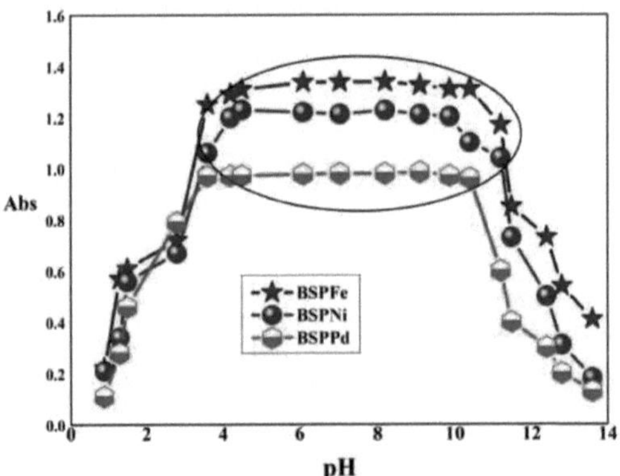

(Figura 35): A curva do perfil dos complexos BSP sintetizados a [complexo] =10 ^{3}M em DMF a 298K

3.2.13 A estrutura sugerida dos complexos sintetizados

A formação de complexos derivados de (N-Benzotiazol-2-il-guanidina) com sais metálicos de Fe(III), Ni(II) e Pd(II)

BSG + Fe(III) ⟶ [Fe(III) $(BSG)_2$ $(NO_3)_2$] . $(2H_2O)$ (NO_3)

BSG + Ni(II) ⟶ [Ni(II) $(BSG)_2$ $(NO_3)_2$] . H_2O

BSG + Pd(II) ⟶ [Pd(II) (BSG) $(COOCH_3)_2$] . $2H_2O$

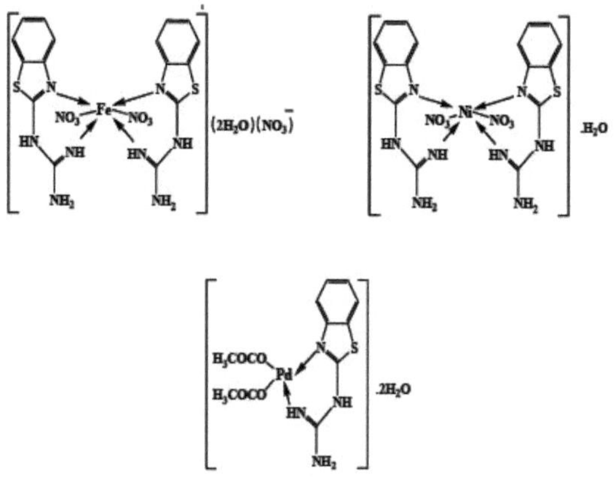

(Esquema 7): A estrutura sugerida dos complexos BSGFe, BSGNi e BSGPd preparados.

A formação de complexos derivados de (2-(Benzotiazol-2-ilimino)-2,3-dihidro-1H-imidazol-4-ol) com sal metálico de Fe(III), Ni(II) e Pd(II)

BSI + Fe(III) ⟶ $[Fe(III)(BSI)_2(NO_3)_2] . NO_3$

BSI + Ni(II) ⟶ $[Ni(II)(BSI)_2(NO_3)_2] . 2H_2O$

BSI + Pd(II) ⟶ $[Pd(II)(BSI)(COOCH_3)_2] . H_2O$

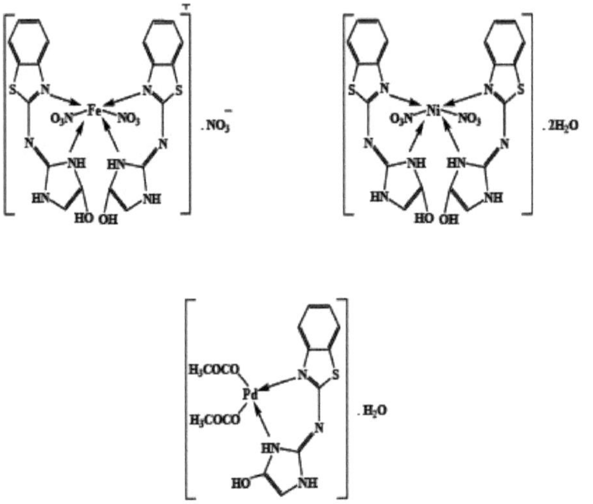

(Esquema 8): A estrutura sugerida dos complexos BSIFe, BSINi e BSIPd preparados

Formação de complexos derivados de (Benzotiazol-2-il-(4,6-dimetil-1H- pirimidina-2-ilideno)-amina) com sais metálicos de Fe(III), Ni(II) e Pd(II)

BSP + Fe(III) ⟶ $[Fe(III)(BSP)_2(NO_3)_2] . (H_2O)(NO_3)$

BSP + Ni(II) ⟶ $[Ni(II)(BSP)_2(NO_3)_2] . H_2O$

BSP + Pd(II) ⟶ $[Pd(II)(BSP)(COOCH_3)_2] . 2H_2O$

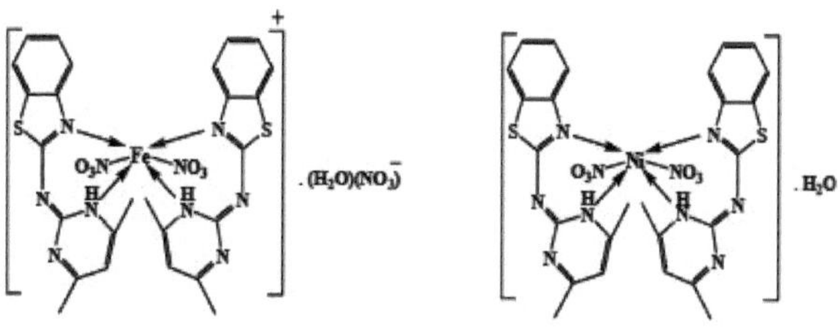

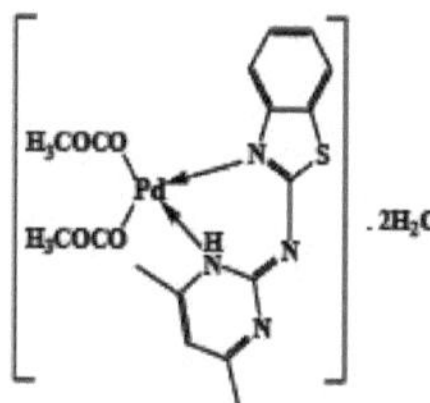

(Esquema 9): A estrutura sugerida dos complexos BSPFe, BSPNi e BSPPd preparados

3.2.14 Cálculos de orbitais moleculares do ligando BSG e dos seus complexos

3.2.14.1 As estruturas tridimensionais do ligando BSG e dos seus complexos

As estruturas tridimensionais do ligando BSG e dos seus complexos (**Figura 36**)

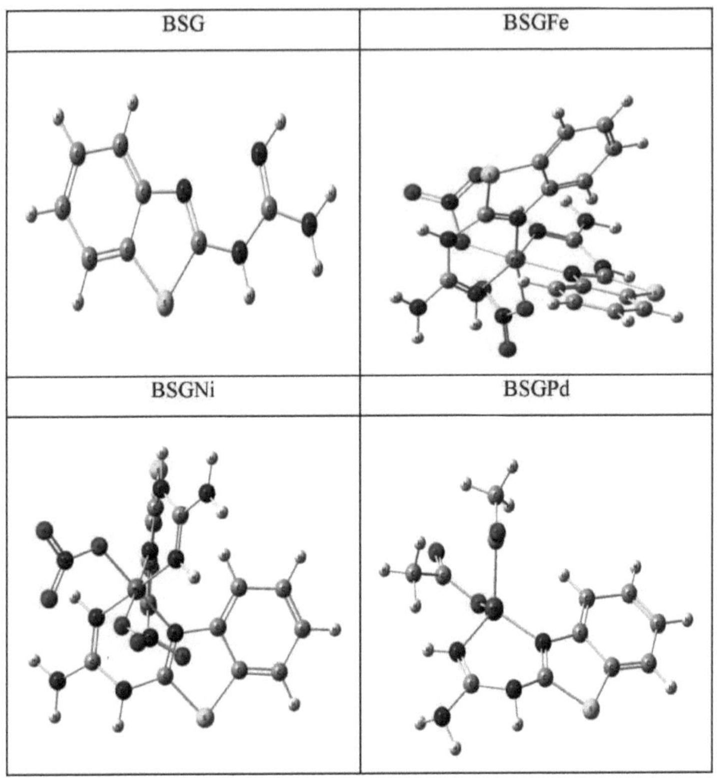

(**Figura 36**): estruturas optimizadas dos compostos do título

3.2.14.2 HOMO-LUMO e parâmetros de reatividade

As energias do orbital molecular mais alto ocupado (HOMO) e do orbital molecular mais baixo ocupado (LUMO) foram calculadas para o BSG, BSGFe, BSGPd e BSGNi **(Figura 37)** e **(Figura 38)**, que reflectem a fraca capacidade doadora de electrões da molécula, apresentada pelos valores mais baixos da energia HOMO. Além disso, as energias das orbitais moleculares de fronteira foram utilizadas para calcular descritores de mecânica quântica (**Tabela 13**), tais como o gap MOs (AE = LUMO - HOMO), energia de ionização (IE = -HOMO), afinidade eletrónica (EA = -LUMO), eletronegatividade (EN = (IE+EA)/2), potencial químico (CP = -(IE+EA)/2), dureza química (CH = ((IE - EA)/2), suavidade química global (S = 1/2CH), carga eletrónica (Nmax = - CP/CH) e índice de electrofilicidade (EP = CP^2 /2CH).

	BSG	BSGFe
LUMO		
	↑ ΔE	↑ ΔE
HOMO		
	BSGNi	BSGPd
LUMO		
	↑ ΔE	↑ ΔE
HOMO		

(**Figura 37**): HOMO-LUMO dos compostos do título

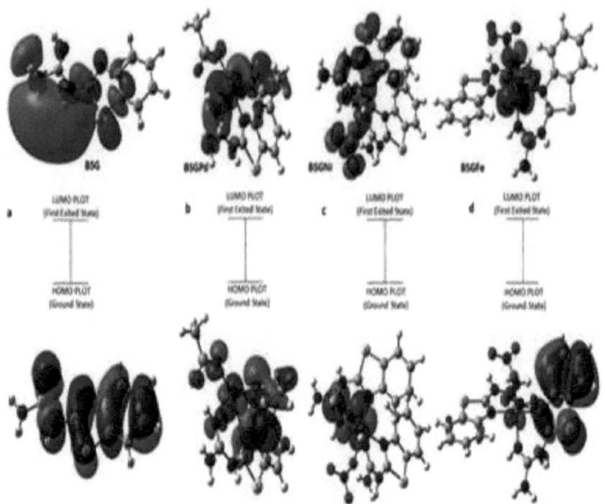

(**Figura 38**): (a), (b), (c), e (d), gráficos 3D dos mapas HOMO-LUMO do BSG, BSGFe, BSGPd, e BSGNi, respetivamente.

(**Tabela 13**): Parâmetros químicos quânticos calculados

	EHOMO	*ELUMO*	*\E*	*IE*	*EA*	*PT*	*PC*	*CH*	*S*	*PE*
BSG	-5.96	-0.76	5.20	5.96	0.76	3.36	-3.36	2.60	0.19	2.17
BSGFe	-3.88	-1.07	2.81	3.88	1.07	2.47	-2.47	1.40	0.36	2.18
BSGNi	-4.53	-1.80	2.73	4.53	1.80	3.17	-3.17	1.37	0.37	3.67
BSGPd	-4.35	-2.37	1.98	4.35	2.37	3.36	-3.36	0.99	0.51	5.71

3.2.14.3 Otimização da fase gasosa

Os ângulos totais em torno do centro Pd no complexo BSGPd (**Figura 39**)

(Figura 39): a + ângulos de ligação в para o complexo BSGPd utilizando o pacote Mercury

3.2.14.4 Potencial eletrostático molecular (MEP)

MEP e distâncias de ligação do BSGFe, BSGPd e BSGNi (**Figura 40**) e (**Figura** 41)

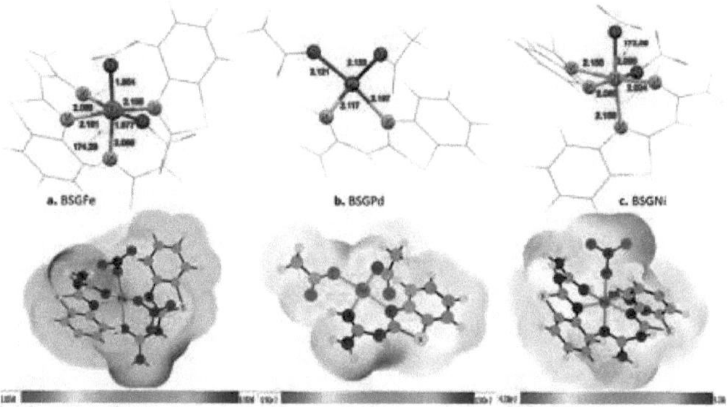

(**Figura 40**): MEP dos compostos do título

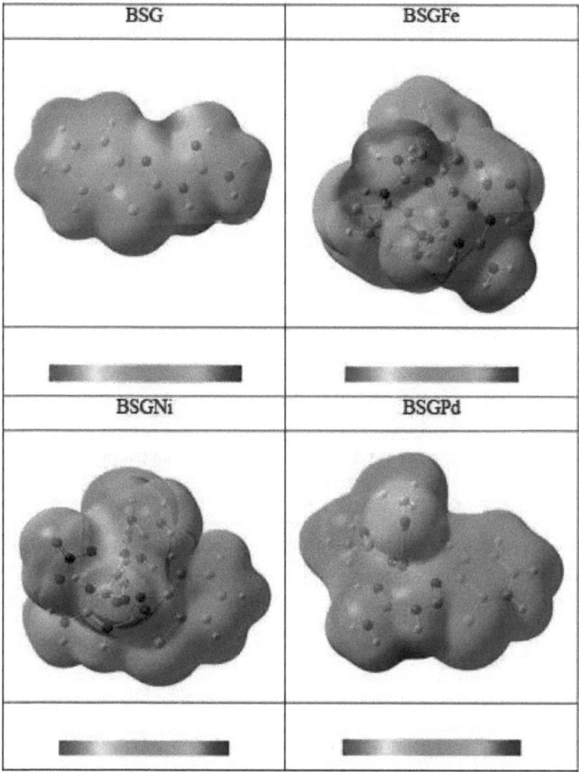

(Figura 41): (a), (b), (c) MEP e distâncias de ligação do BSGFe, BSGPd e BSGNi, respetivamente

3.2.14.5 Análise de superfície de Hirshfeld (HSA)

A HSA foi aplicada para esclarecer, principalmente na figura tridimensional do contacto próximo da molécula, para identificar a disposição supramolecular do ligando BSG neste estudo **(Figura 42)**

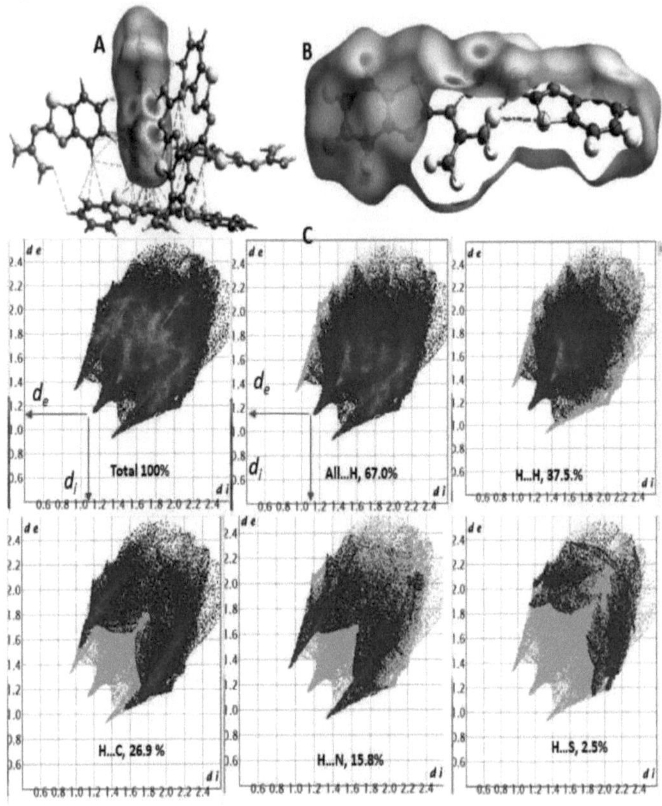

(Figura 42): Gráficos HS da distância interna mais próxima (d_i) versus a distância externa mais próxima (d_e) para o ligante, BSG.

3.2.15 Cálculos das orbitais moleculares do ligando BSI e dos seus complexos

3.2.15.1 As estruturas tridimensionais do ligando BSI e dos seus complexos

As estruturas tridimensionais do ligando BSG e dos seus complexos **(Figura 43)**

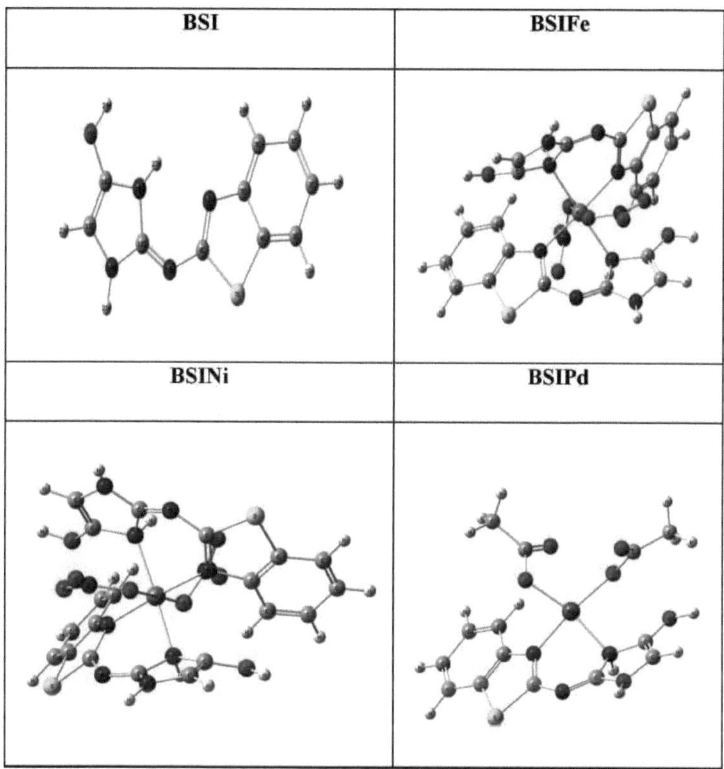

(Figura 43): Estruturas optimizadas em 3D do ligando BSI e dos complexos BSIFe, BSINi e BSIPd

3.2.15.2 Espectros de absorção eletrónica do ligando SEM BSI e dos seus complexos bsife, bsiNi, BSIPd

Os espectros de absorção eletrónica do ligando sem BSI e dos seus complexos BSIFe, BSINi e BSIPd são calculados na fase gasosa utilizando cálculos TD-DFT e o CAM-B3LYP, como se mostra na (**Figura 44**). A energia de excitação eletrónica calculada (E), a força de oscilação (*f*), o comprimento de onda de absorção (nm) e as transições electrónicas com as respectivas contribuições são apresentados na (**Tabela 14**).

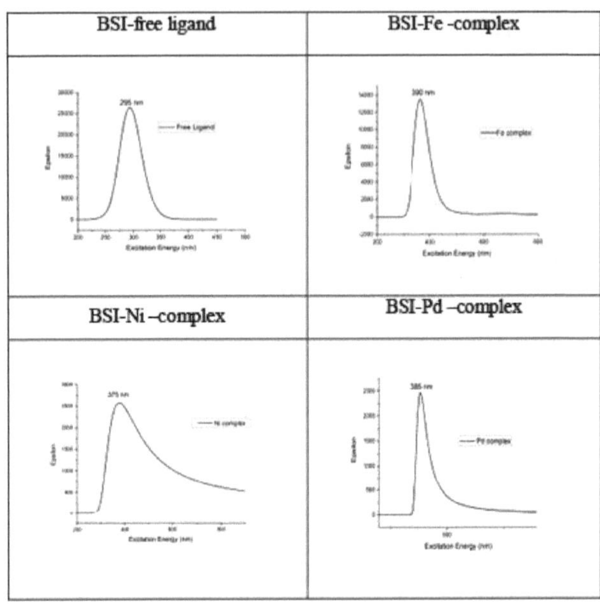

(**Figura 44**): Espectros electrónicos do ligando sem BSI e dos seus complexos BSIFe, BSINi e BSIPd

(**Tabela 14**): A energia de excitação (E), o comprimento de onda de absorção (X), a força de oscilação (*f*) e a contribuição das diferentes transições electrónicas.

	E (eV)	**X (nm)**	***f* (a.u)**	**Contribuição importante**
BSI- Ligando livre	4.45	294	0.1481	HOMO-1>LUMO (65 %)
Complexo BSIFe	4.66	390	0.1225	H()\I()>LI'\I() +2 (70 %)
BSINi -complexo	5.04	275	0.2107	H()\I()>LI'\I() +1(55 %)
BSIPd -complexo	4.72	385	0.1594	HOMO-2>LUMO (67 %)

3.2.15.3 HOMO-LUMO e parâmetros de reatividade

Os padrões HOMO e LUMO do ligando BSI e dos seus complexos de Fe(III), Ni(II) e Pd(II) foram estimados na (**Figura 45**). Os parâmetros químicos quânticos para o ligando BSI, os complexos BSIFe, BSINi e BSIPd foram calculados utilizando o método DFT- UB3LYP e os conjuntos de bases para a otimização da geometria (**Tabela 15**).

(**Tabela 15**): Parâmetros químicos quânticos para o ligando BSI e os complexos BSIFe, BSINi e BSIPd

	E_{HOMO}	E_{HOMO-1}	E_{LUMO}	E_{LUMO+1}	ΔE^1	ΔE^2	I	A	χ	CP	η	σ	ω
BSI	-6.26	-6.89	-1.65	-1.39	4.61	5.50	6.26	1.65	3.96	-3.96	2.31	0.22	3.39
BSIFe	-6.52	-7.15	-3.51	-3.03	3.01	4.12	6.52	3.51	5.01	-5.01	1.51	0.33	8.35
BSINi	-6.57	-6.99	-3.38	-2.75	3.19	4.24	6.57	3.38	4.97	-4.97	1.59	0.31	7.76
BSIPd	-6.44	-7.07	-3.76	-3.16	2.68	3.91	6.44	3.76	5.10	-5.10	1.34	0.37	9.72

Where; ΔE^1 is $E_{HOMO} - E_{LUMO}$ & ΔE^2 is $E_{HOMO-1} - E_{LUMO+1}$

	BSI	BSIFe
LUMO		
	↑ΔE	↑ΔE

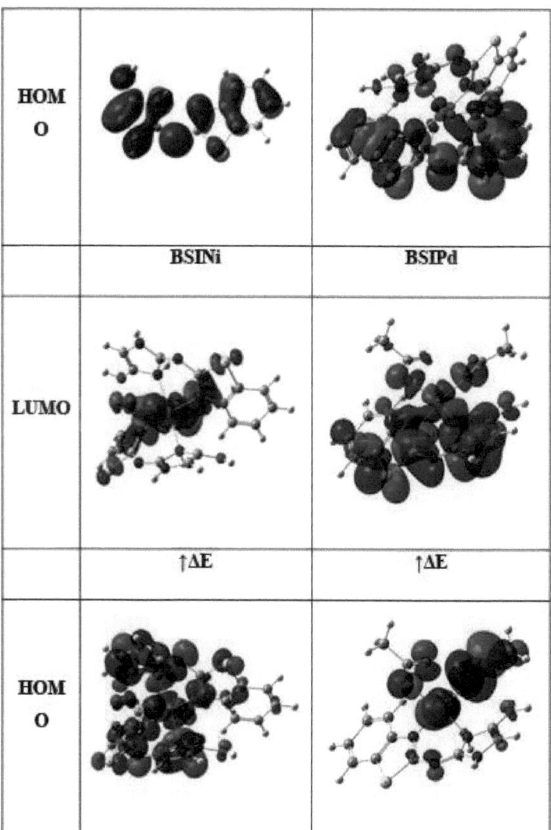

(Figura 45): Orbitais HOMO-LUMO das estruturas optimizadas do ligando BSI e dos complexos
complexos
complexos BSIFe, BSINi e BSIPd

3.2.15.4 Potencial eletrostático molecular (MEP)

O MEP é entendido como a densidade eletrónica e pode ser considerado como um detetor excecionalmente útil para determinar a posição das reacções electrofílicas e nucleofílicas. Os gráficos 3D do MEP foram estirados para o ligando livre, bem como para os seus complexos (**Figura 46**).

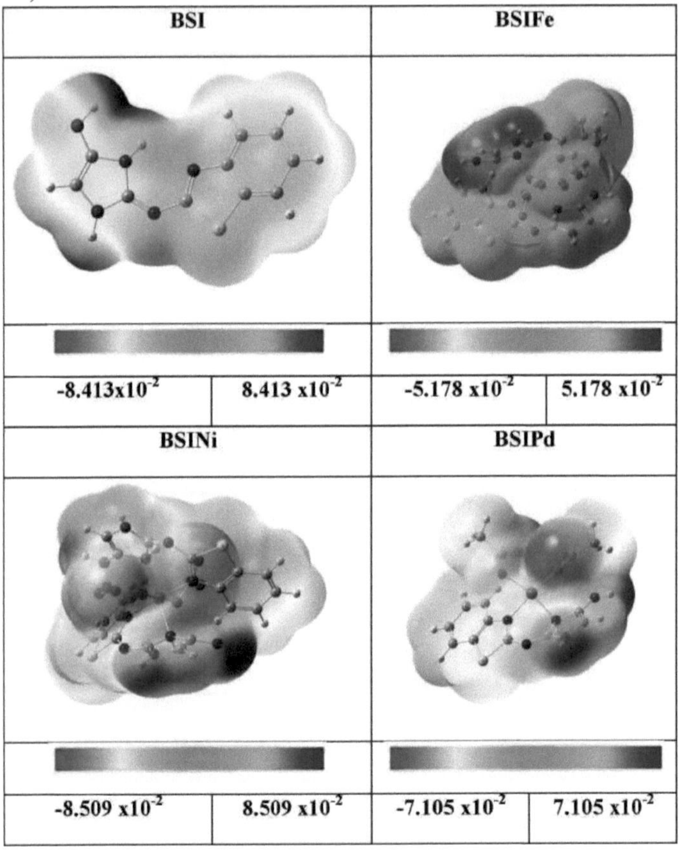

BSI		BSIFe	
$-8.413x10^{-2}$	$8.413\ x10^{-2}$	$-5.178\ x10^{-2}$	$5.178\ x10^{-2}$
BSINi		**BSIPd**	
$-8.509\ x10^{-2}$	$8.509\ x10^{-2}$	$-7.105\ x10^{-2}$	$7.105\ x10^{-2}$

(Figura 46): MEP 3D das estruturas optimizadas do ligando BSI e BSIFe, BSINi, e complexos BSIPd

3.2.16 Cálculos das orbitais moleculares do ligando BSP e dos seus complexos

3.2.16.1 Estudos DFT para prever e analisar as localizações ricas em electrões e deficientes em electrões para bspfe, bspNi e bsppd

Gaussian 09 com o conjunto de bases LANL2DZ para os átomos de Fe, Pd e Ni, DFT, um método assistido por computador utilizado para calcular estruturas optimizadas em termos de geometria para obter as estruturas de menor energia possível para o ligando BSP e os complexos BSPFe, BSPPd e BSPNi (**Figura 47**) e (**Figura 48**).

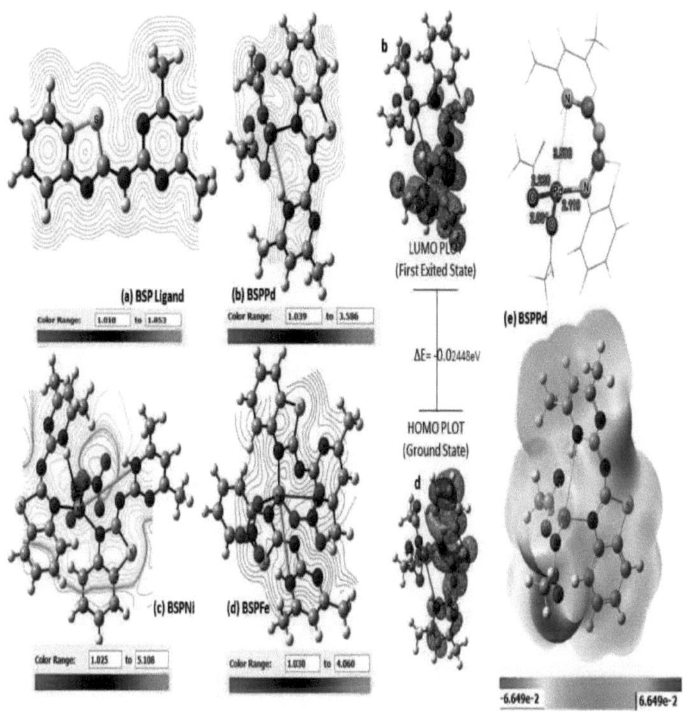

(Figura 47): O mapa de contorno da superfície do potencial eletrostático molecular, MEP, HOMO
e LUMO, e as estruturas moleculares que mostram as distâncias de ligação do **ligando BSP e** dos complexos
e dos complexos **bsppd**, **bspNi** e **bspfe**

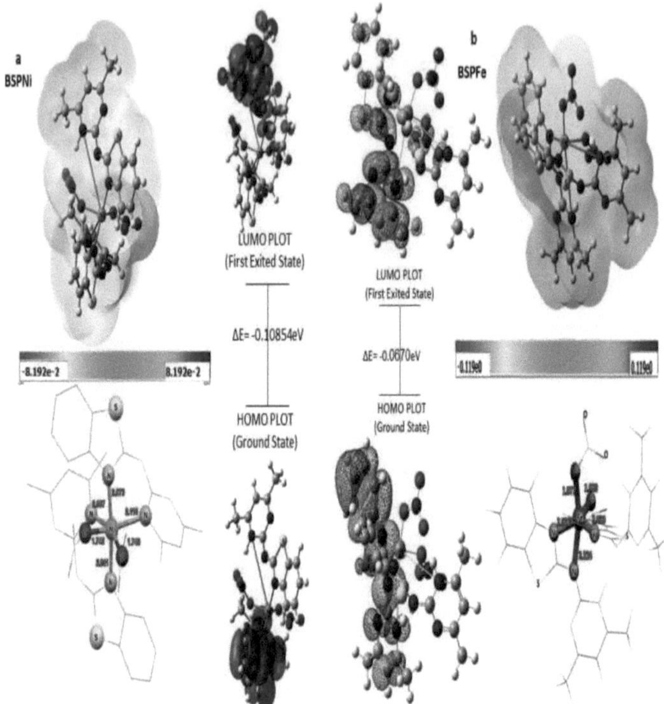

(Figura 48): São apresentados o potencial eletrostático molecular, MEP, HOMO e LUMO, e as estruturas moleculares que mostram as distâncias de ligação de **BSP**, **bsppd**, **bspNi** e **bspfe**

3.2.16.2 Análise de superfície de Hirshfeld (HSA)

O mapa HAS $_{dnorm}$ da molécula foi aplicado para iluminar, principalmente na figura tridimensional do contacto próximo da molécula, para identificar a disposição supramolecular do ligando BSP neste estudo **(Figura 49)**

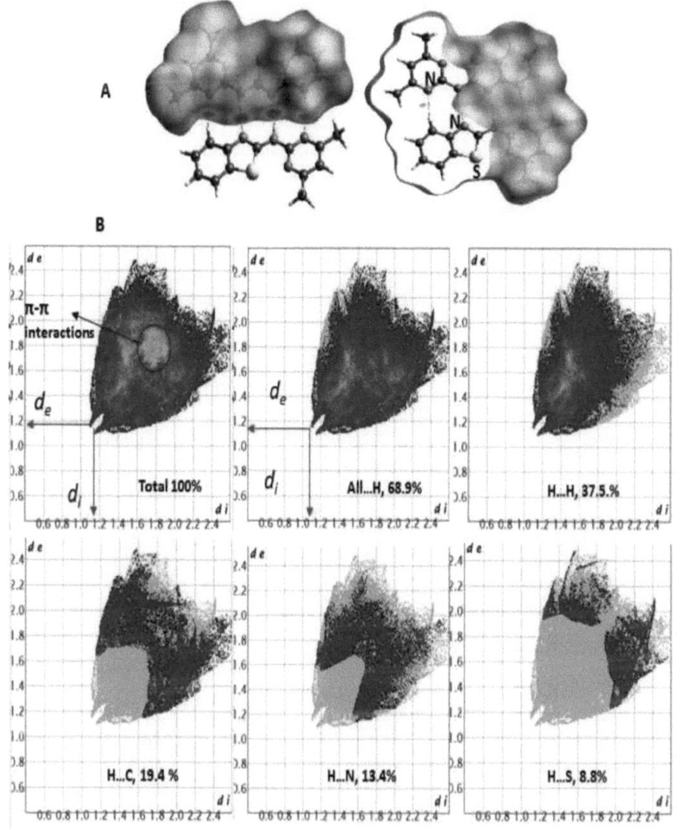

(Figura 49): (A): O mapa dnorm HSA da molécula, mostrando principalmente contactos de interação H---N. Os pontos vermelhos indicam contactos de alta intensidade, enquanto os azuis são o oposto. (B): Gráfico de impressões digitais 2D de todos os átomos^todos os átomos, interações H-- -H, N---H / H-- -N, S -H / H---S e C---H/ H---C

3.3 Aplicação dos complexos preparados

3.3.1 Atividade catalítica dos complexos investigados

3.3.1.1 Atividade catalítica para a síntese dos derivados de 7-amino-4,5-di-hidro-tetrazolo [1,5-*a*] pirimidina-6-carbonitrilo 4a-i

Os complexos de ferro têm demonstrado uma atividade catalítica promissora numa vasta gama de reacções químicas. Isto deve-se principalmente às propriedades únicas dos metais de transição, incluindo a sua capacidade de sofrer vários processos e de se coordenar com múltiplos ligandos. Além disso, a atividade catalítica dos complexos de ferro pode ser afetada por variações nas estruturas e nos substituintes dos ligandos. Estudos recentes têm-se centrado na exploração dos efeitos de diferentes estruturas de ligandos e substituintes nas propriedades catalíticas dos complexos de ferro. Como demonstração, uma nova reação catalítica multicomponente de aldeído aromático **1a-i** (1 mmol), 5-aminotetrazol **2** (1 mmol) e malononitrilo (1 mmol) **3** foi escolhida para sintetizar derivados de 7-amino-4,5-dihidro-tetrazolo [1,5-*a*] pirimidina-6-carbonitrilo. Num esforço para determinar as condições ideais de reação, o processo de condensação foi investigado sob o impacto de aspectos importantes, tais como a quantidade de catalisador no rendimento, o solvente utilizado, o tempo e os diferentes catalisadores ácidos e básicos de Lewis na atividade catalítica. A reação de condensação demora muito tempo a terminar sem o catalisador. A adição de BSIFe melhora o rendimento do produto e acelera o tempo de reação, como indicado no **(Esquema 10)**. Os processos de substituição electrofílica podem sintetizar com sucesso e de forma eficiente uma série de aldeídos aromáticos, como indicado no **(Esquema 10)**

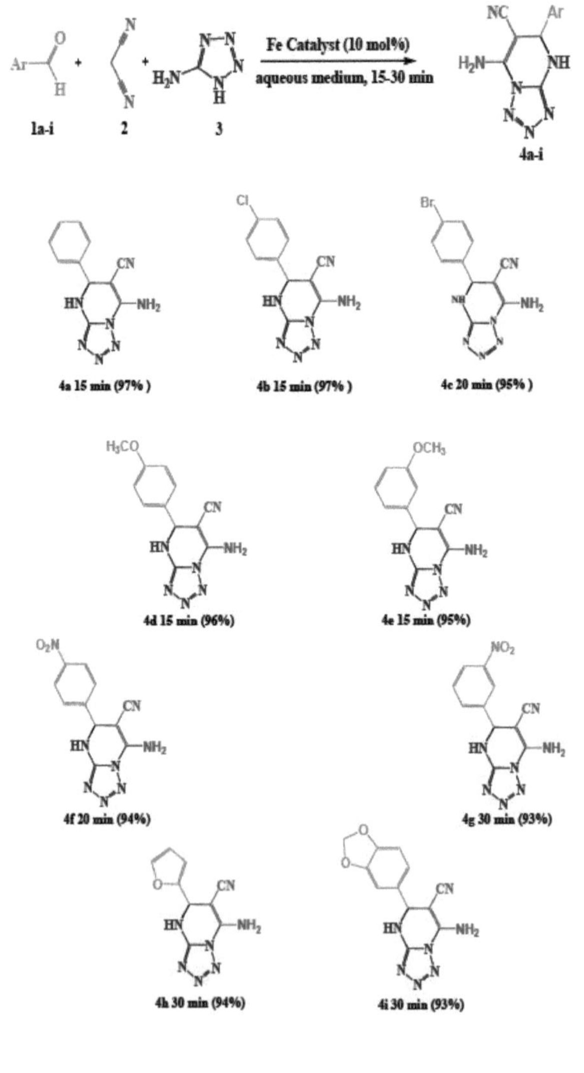

(Esquema 10): 7-amino-4,5-di-hidro-tetrazolo[1,5-*a*]pirimidina-6-carbonitrilo derivados **4a-i** tempo de reação (min) e rendimento (%)

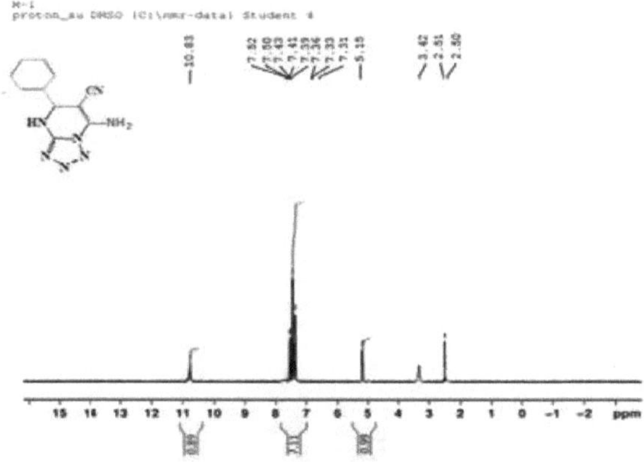

^{1}H-NMR of compound 4a

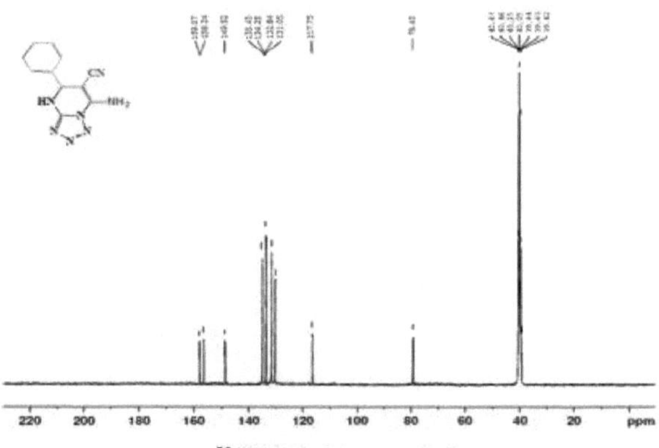

^{13}C-NMR of compound 4a

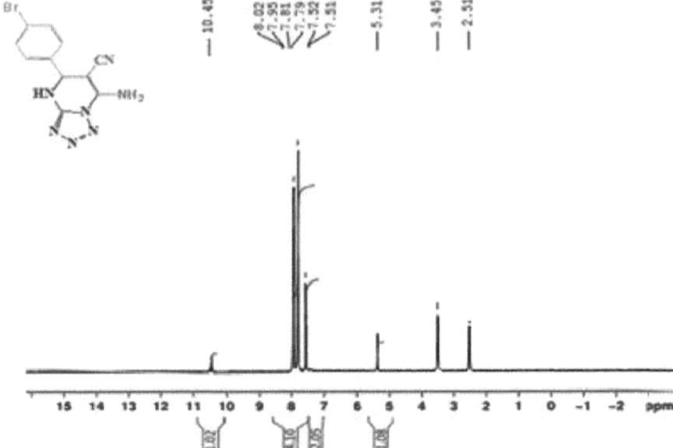

^{1}H-NMR of compound 4c

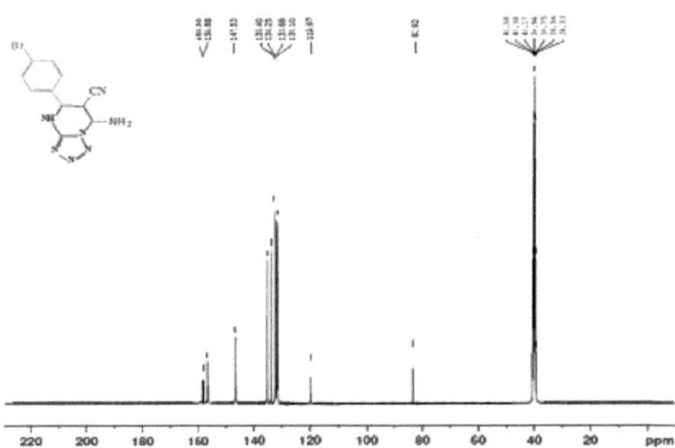

^{13}C-NMR of compound 4c

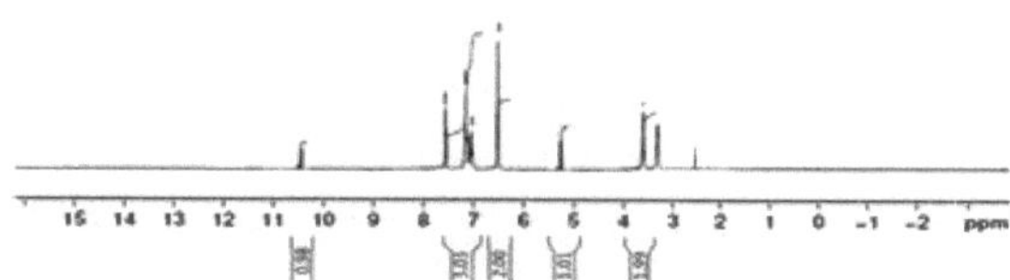

^{1}H-NMR of compound 4i

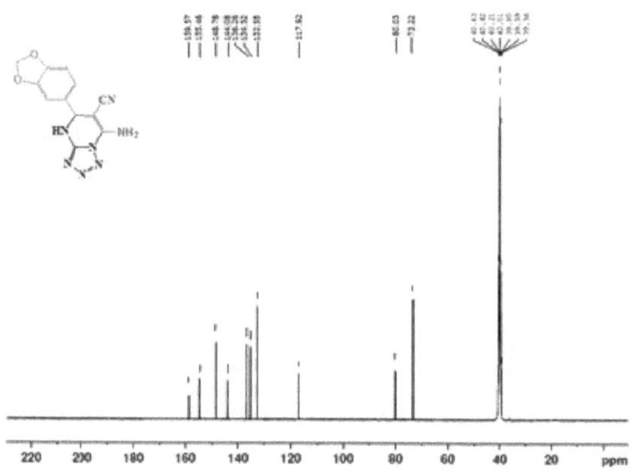

^{13}C-NMR of compound 4i

3.3.1.2 Efeito da carga do catalisador

A relação entre as dosagens de catalisador e os rendimentos dos produtos é apresentada na **(Tabela 16)**

(Tabela 16): A quantidade de catalisador BSIFe para a síntese do derivado **4a** da 7-amino-4,5-di-hidro-tetrazolo[1,5-*a*]pirimidina-6-carbonitrilo

Entry	Cat.mol %	Yield %
1	4	16
2	5	28
3	6	55
4	7	72
5	8	81
6	9	93
7	10	97
8	11	97

As condições de reação **1a** (1 mmol), **2** (1 mmol), **3** (1 mmol) e o catalisador (10 mol%) numa mistura de etanol e água (proporção 1:3) foram refluxadas durante 15 minutos.

[b] Rendimentos isolados com base em **4a**

3.3.1.3 Efeito dos solventes

Para facilitar o manuseamento do procedimento, continuámos a otimizar o processo-modelo acima referido, detectando a eficácia de vários solventes clássicos escolhidos como meio de comparação (**Quadro 17**).

(Tabela 17): Efeito do solvente na síntese do derivado **4a** da 7-amino-4,5-di-hidro-tetrazolo [1,5-*a*] pirimidina-6-carbonitrilo

Solvente	Tempo (min)	Rendimento (%)
THF	60	49
$CHCl_3$	60	55
CH3CN	60	58
DMF	60	59
ACOH	30	79
H2O	15	90
EtOH	15	93
HiO/EtOH	15	97

As condições de reação **1a** (1 mmol), **2** (1 mmol), **3** (1 mmol) e o catalisador (10 mol%) numa mistura de etanol e água (proporção 1:3) foram refluxadas durante 15 minutos.

[b] Rendimentos isolados com base em **4a**

3.3.1.4 Efeito de vários catalisadores de ácido de Lewis

Os complexos de Fe(III) foram também investigados como catalisadores de ácidos de Lewis suaves para várias transformações químicas, tendo recebido recentemente muita atenção. A tabela seguinte apresenta uma comparação entre os complexos testados e vários tipos de catalisadores **(Tabela 18).**

(Tabela 18): Utilização de diferentes ácidos de Lewis para a reação **4a**

Entrada	Cat (mol%)	Condições[3]	Rendimento (%)
1	Sem catalisador	água/etanol, 1 dia	Traço
2	$FeCl_2.6H_2O$ (10)	água/etanol, 15 min	44
3	$FeCl_3.6H_2O$ (10)	água/etanol, 15 min	54
4	$Fe(OTf)_3$ (10)	água/etanol, 15 min	65
5	MgCl2 (10)	água/etanol, 15 min	54
6	$Mg(OTf)_2$ (10)	água/etanol, 15 min	47

7	MIICMH2O (10)	água/etanol, 15 min	61
8	MnO_2 (10)	água/etanol, 15 min	59
9	$Zn(OTf)_2$ (10)	água/etanol, 15 min	46
10	$CuCl_2$(10)	água/etanol, 15 min	53
11	$TiCl_4$ (10)	água/etanol, 15 min	48
12	p-TsOH (10)	água/etanol, 15 min	55
13	BSGFe (10)	água/etanol, 15 min	96%
14	BSPFe (10)	água/etanol, 15 min	95%
15	BSIFe (10)	água/etanol, 15 min	97%

[a] As condições de reação **1a** (1 mmol), **2** (1 mmol), **3** (1 mmol) e catalisador (0,1 mmol) numa mistura de água e etanol (proporção 3:1) foram refluxadas durante 15 minutos.

[b] Rendimentos isolados com base em **4a**

3.3.1.5 Reciclagem do catalisador BSIFe

O aspeto ecológico e económico deste protocolo sintético foi ainda estudado através da análise da possibilidade de reutilização do catalisador BSIFe nas etapas seguintes da síntese do derivado **4a** da 7-amino-4,5-di-hidro-tetrazolo [1,5-*a*] pirimidina-6-carbonitrilo, como se mostra na **(Figura 50)**

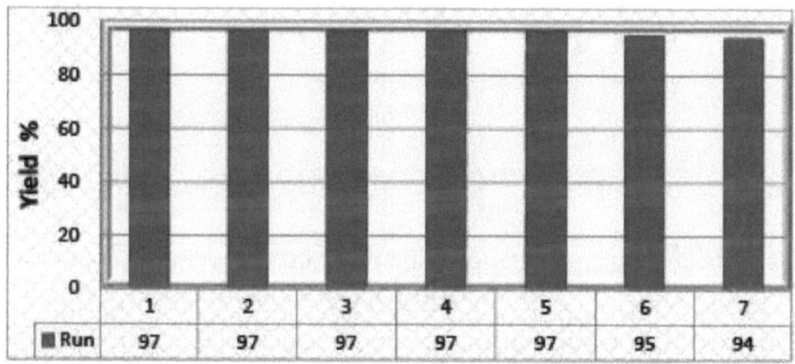

(Figura 50): Reciclabilidade do catalisador BSIFe na reação modelo.

3.3.1.6 Mecanismo plausível para a síntese de derivados de 7-amino-4,5-di-hidro-tetrazolo[1,5- *a*]pirimidina-6-carbonitrilo

Propomos o seguinte mecanismo possível para o protocolo sintético (**Esquema**

11)

(Esquema 11): Mecanismo sugerido para a síntese de derivados de 7-amino-4,5-dihidro-tetrazolo [1,*5-a*] pirimidina-6-carbonitrila e o papel catalítico do catalisador BSIFe.

3.3.2 Atividade catalítica para a síntese dos derivados de 5-amino-2-oxo-3,7-di-hidro-2H-pirano[2,*3-d*]tiazol-6-carbonitrilo 8a-k

A atividade catalítica do complexo de Pd(II) (BSI-Pd) revela a sua eficácia como uma produção ambientalmente simples de um pote utilizando um catalisador amigável de compostos sintéticos 5-amino-2-oxo-3,7-dihydro-2H-pyrano [2,*3-d*] thiazole-6- carbonitrile. A este respeito, foi selecionada como reação modelo uma reação catalítica única de múltiplos componentes num único recipiente de aldeído aromático **5a-k** (1 mmol), 2,4-tiazolidenediona **6** (1 mmol) e malono-nitrilo **7** (1 mmol). O processo de condensação foi observado em função de variáveis significativas, incluindo a quantidade de catalisador no rendimento, o solvente utilizado, o tempo e diferentes catalisadores ácidos e básicos de Lewis na atividade catalítica, na tentativa de estabelecer as melhores condições de reação. Sem o catalisador, a reação de condensação demorou muito tempo a ser concluída. Como se mostra no (**Esquema 12**), a inclusão de BSIPd aumenta o rendimento do produto e diminui o tempo de reação. Como se mostra no **Esquema 12**, vários aldeídos aromáticos podem ser produzidos com sucesso e com excelentes rendimentos através de reacções de substituição electrofílica.

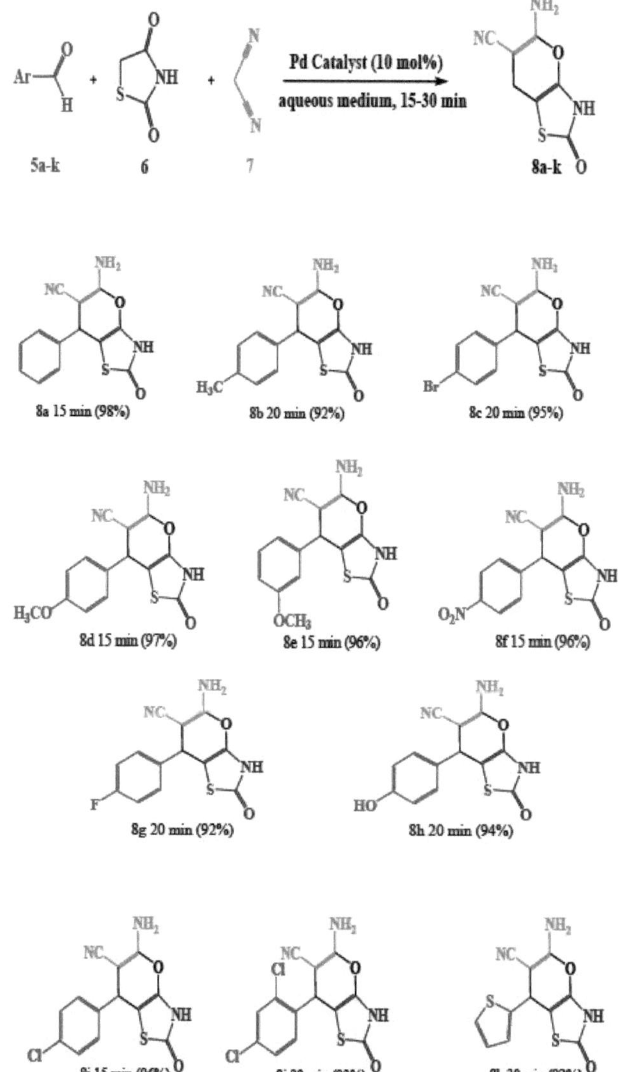

(Esquema 12): 5-amino-2-oxo-3,7-dihydro-2H-pyrano[2,3-d]thiazole-6-carbonitrile derivados **8a-k** tempo de reação (min) e rendimento (%)

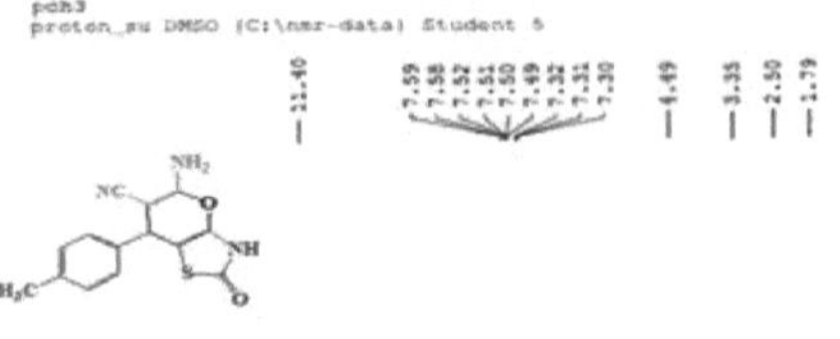

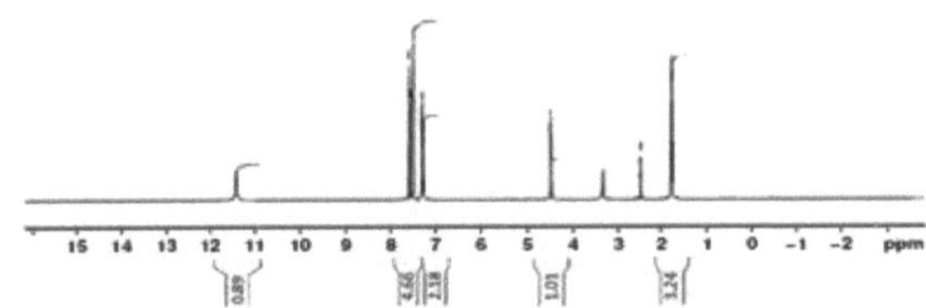

^{1}H-NMR of compound 8b

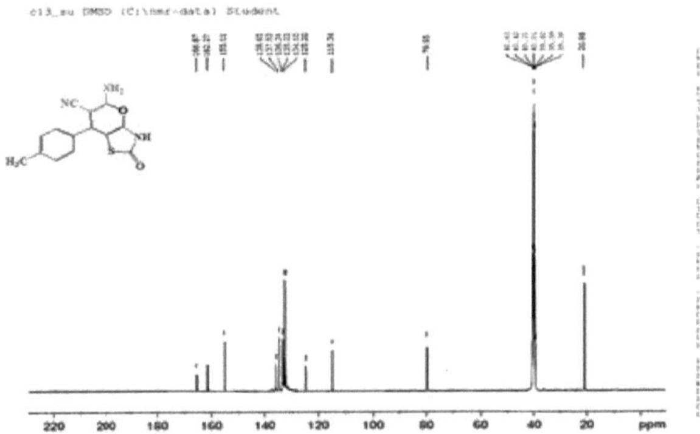

^{13}C-NMR of Compound 8b

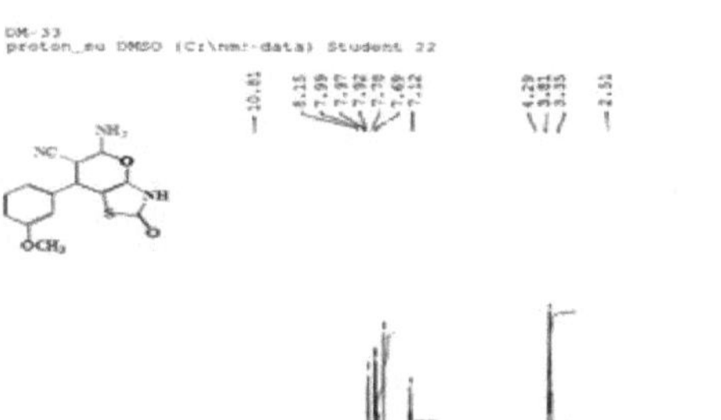

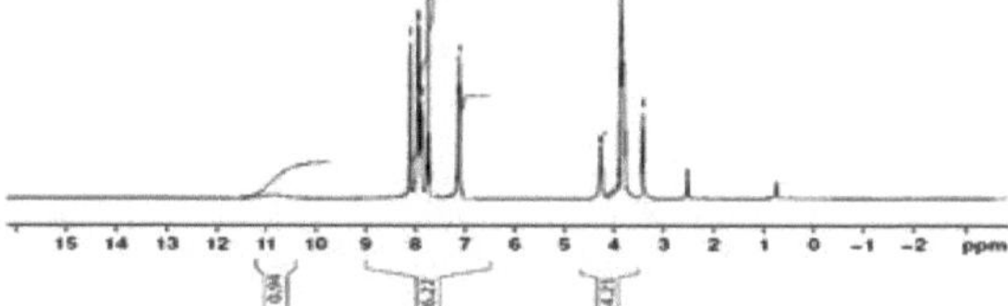

^{1}H-NMR of Compound 8e

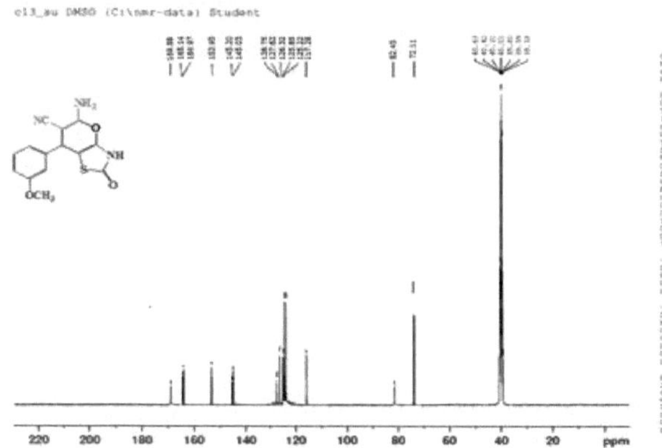

^{13}C-NMR of Compound 8e

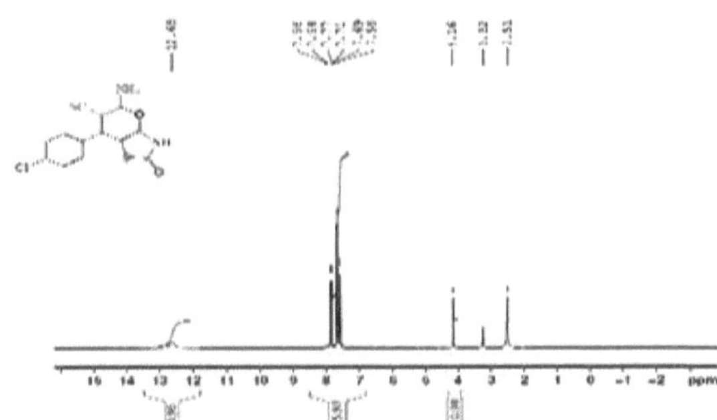

^{1}H-NMR of Compound 8i

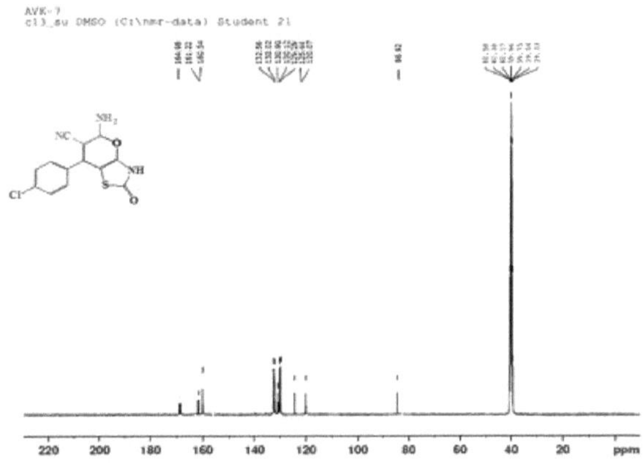

^{13}C-NMR of Compound 8i

^{13}C-NMR do composto 8i

3.3.2.1 Efeito da carga do catalisador

A relação entre as dosagens de catalisador e os rendimentos dos produtos é apresentada na **(Tabela 19)**

(Tabela 19): Quantidade de catalisador BSIPd para a síntese do derivado 5-amino-2-oxo-3,7-dihidro-2H-pirano [2,*3*-*d*] tiazol-6-carbonitrilo **8a**

Entrada	Cat.mol %	Rendimento %
1	3	15
2	5	33
3	6	58
4	7	74
5	8	84
6	9	93
7	10	98
8	11	98

[a] Condições de reação: **5a** (1 mmol), **6** (1 mmol), **7** (1 mmol) e catalisador (10 mol%) numa mistura de água e etanol (proporção 3:1) foram refluxados durante 15 minutos.

[b] Rendimentos isolados com base em **8a**

3.3.2.2 Efeito dos solventes

Para facilitar o manuseamento do procedimento, continuámos a otimizar o processo-modelo acima referido, detectando a eficácia de vários solventes clássicos escolhidos como meio de comparação (**Tabela 20**).

(Quadro 20): Efeito do solvente na síntese do derivado 5-amino-2-oxo-3,7-di-hidro-2H-pirano[2,*3-d*]tiazol-6-carbonitrilo **8a**

Solvente	Tempo (min)	Rendimento (%)
THF	60	56
$CHCl_3$	60	67
CH3CN	60	61
DMF	60	56
DCM	60	47
ACOH	30	81
MeOH	30	77
EtOH	15	91
H2O	15	93
HiO/EtOH	15	98

As condições de reação **5a** (1 mmol), **6** (1 mmol), **7** (1 mmol) e catalisador (10 mol%) numa mistura de etanol e água (proporção 1:3) foram refluxadas durante 15 minutos.

[b] Rendimentos isolados com base em **8a**

3.3.2.3 Efeito de vários catalisadores de ácidos e bases de Lewis

Nos últimos anos, os complexos de paládio (II) têm recebido uma atenção considerável como catalisadores suaves de ácido de Lewis e de base de Lewis para uma série de transformações orgânicas. A tabela seguinte representa uma comparação entre os complexos testados e vários tipos de catalisadores **(Tabela 21).**

(Tabela 21): Utilização de diferentes ácidos de Lewis para a reação **8a**

Entrada	Cat (mol%)	Condições[3]	Rendimento (%)
1	Sem catalisador	água/etanol, 1 dia	Traço
2	PTSA (10)	água/etanol, 15 min	56
3	MgCl2 (10)	água/etanol, 15 min	38
4	Mg $(OTf)_2$ (10)	água/etanol, 15 min	33
5	$FeCl_3.6H_2O$ (10)	água/etanol, 15 min	54
6	$Fe(OTf)_3$ (10)	água/etanol, 15 min	60
7	MnCM^O (10)	água/etanol, 15 min	65
8	MnO2 (10)	água/etanol, 15 min	72
9	ZnBr2 (10)	água/etanol, 15 min	52
10	$Zn(OTf)_2$ (10)	água/etanol, 15 min	59
11	$CuCl_2$(10)	água/etanol, 15 min	48
12	TiCl4 (10)	água/etanol, 15 min	60
13	p-TsOH (10)	água/etanol, 15 min	64
14	SBA-15/PrEn-Cu	DMSO	89[Rostamnia et al., 2013]
15	SEF127-Pd/GO	DMSO	90[Rostamnia et al., 2016]
16	Quitosano-$CuSO_4$ (20 mg)	CH3CN	45[Dekamin et al., 2016]
17	MATYpd Não US (10)	H2O	88[El-Remaily et al., 2021 a]
18	ARPTPd Não US (10)	H2O	90 [El-Remaily et al., 2021 b]

19	HYHPd Não US (10)	H2O	88 [El-Remaily et al., 2021 c]
20	Zn(L-cisteína)2(10)	H2O/C2H5OH	62 [El-Remaily et al., 2020a]
21	Zn(L-alanina)2(10)	H2O/C2H5OH	71 [El-Remaily et al., 2020a]
22	BSI-Ni (10)	água/etanol, 15 min	93
23	BSI-Fe (10)	água/etanol, 15 min	95
24	BSI-Pd (10)	água/etanol, 15 min	98

[a] As condições de reação **5a** (1 mmol), **6** (1 mmol), **7** (1 mmol) e catalisador (0,1 mmol) numa mistura de água e etanol (proporção 3:1) foram refluxadas durante 15 minutos.

[b] Rendimentos isolados com base em **8a**

3.3.2.4 Reciclagem do catalisador BSIPd

O aspeto ecológico e económico deste protocolo sintético foi ainda estudado através da análise da possibilidade de reutilização do catalisador BSIPd nas etapas seguintes da síntese do derivado **8a** do 5 amino-2 -oxo-3,7- dihidro -2H-pirano [2,*3-d*] tiazol -6-carbonitrilo, como se mostra na **(Figura 51)**

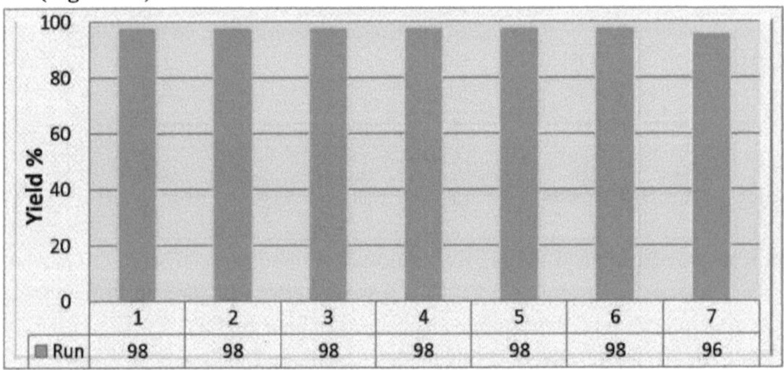

(Figura 51): Reciclabilidade do catalisador BSIPd na reação modelo.

3.3.2.5 Mecanismo plausível para a síntese de derivados de 5-amino-2-oxo-3,7-di-hidro-2H-pirano[2,*3-d*]tiazol-6-carbonitrilo

Propomos o seguinte mecanismo possível para o protocolo sintético (**Esquema**

13)

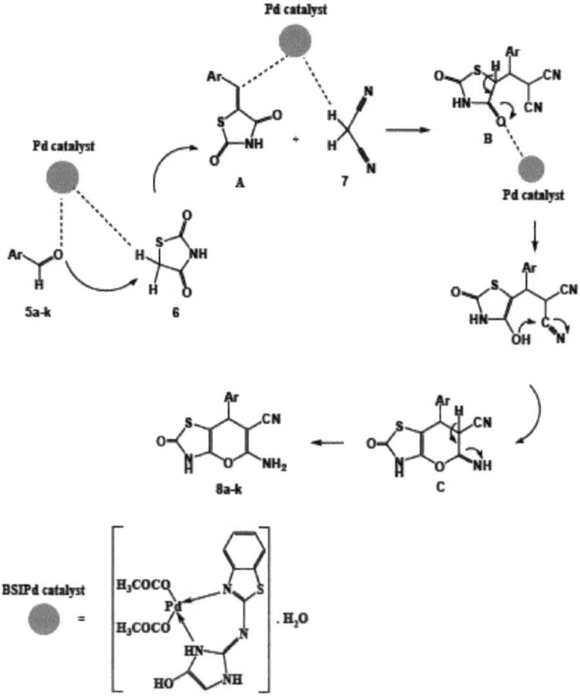

(Esquema 13): Mecanismo sugerido para a síntese de 5-amino-2-oxo-3,7-di-hidro-2H-derivados de pirano[2,*3-d*]tiazol-6-carbonitrilo e o papel catalítico do catalisador BSIPd.

3.3.2.6 Bases teóricas para o comportamento catalítico do BSIPd

Esses conformadores foram optimizados pelo método DFT/B3LYP na base 6-31G++ para confirmar a oportunidade deste mecanismo através da estabilidade dos conformadores assumidos e a possibilidade da sua formação **(Esquema 14)**

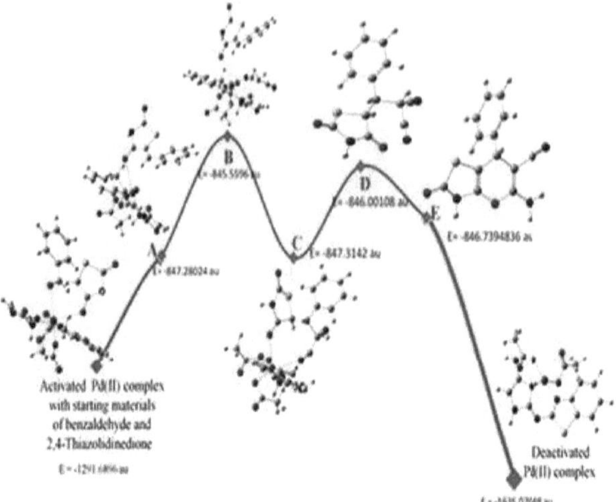

(Esquema 14): Perfil dos intermediários activados durante o comportamento catalítico pelo Complexo de Pd(II)

3.3.3 Atividade catalítica para a síntese dos derivados 12a-k da 4,8-di-hidro-7H-5-tia-1,2,3,3a,7,8-hexaaza-s-indacen-6-ona

A atividade catalítica do catalisador BSPPd foi avaliada para a síntese do derivado bioativo 4,8 dihidro - 7H- 5-thia- 1,2,3,3a, 7,8-hexaaza -s- indacen -6- one sob catálise heterogénea. Neste contexto, a reação de condensação fácil de um pote e de três componentes do aldeído aromático **9a-k** (1 mmol), da 2,4 tiazolidinediona **10** (1 mmol) e do 5-aminotetrazol **11** (1 mmol), foi designada como reação modelo. Através das presentes experiências, o crescimento da reação de condensação foi sistematicamente estudado quanto à influência da dose de catalisador, do solvente de reação, bem como dos diferentes catalisadores de ácido de Lewis e de base de Lewis na atividade catalítica. Na ausência de catalisador, o produto foi obtido num tempo de reação mais longo sem catalisador. Mas o rendimento foi melhorado na presença do catalisador BSPPd, que se revelou excelente após um curto período de reação. A série de aldeídos aromáticos submetidos a reacções de substituição electrofílica é sintetizada com sucesso em excelentes rendimentos, tal como ilustrado no **(Esquema 15)**

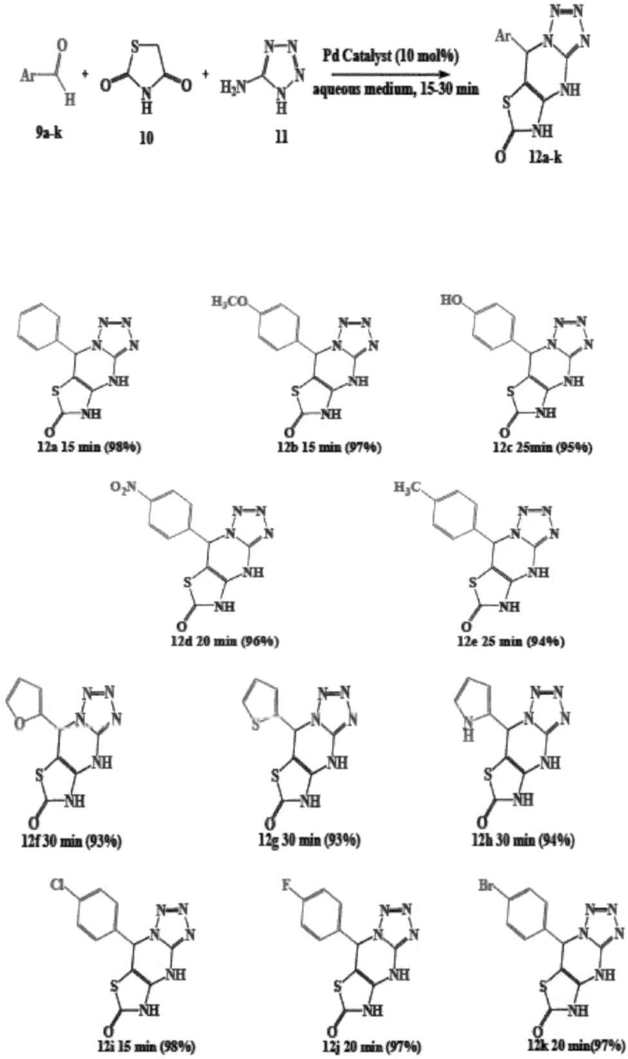

(Esquema 15): 4,8-dihydro-7H-5-thia-1,2,3,3a,7,8-hexaaza-s-indacen-6-one derivatives **12a-k** tempo de reação (min) e rendimento (%)

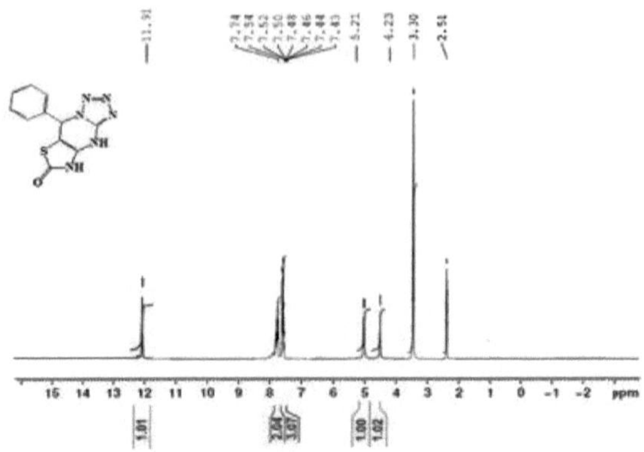

^{1}H-NMR of Compound 12a

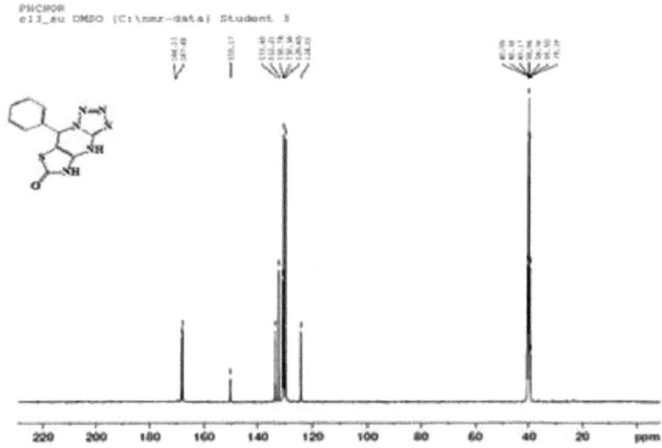

^{13}C-NMR of Compound 12a

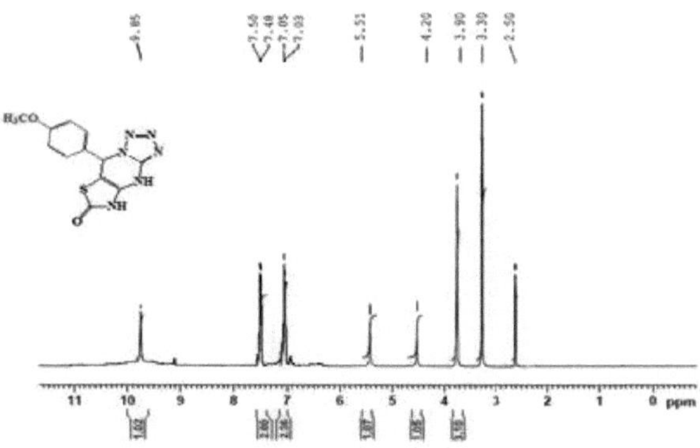

^{1}H-NMR of Compound 12b

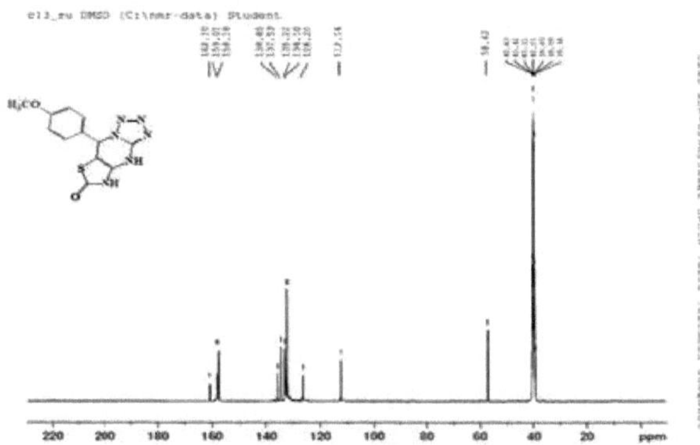

^{13}C-NMR of Compound 12b

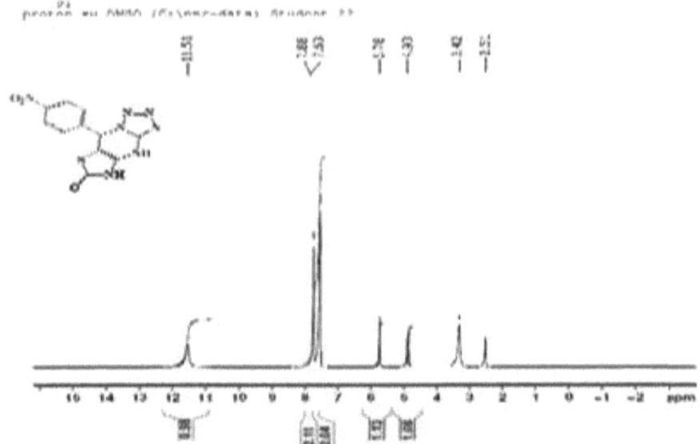

^{1}H-NMR of Compound 12d

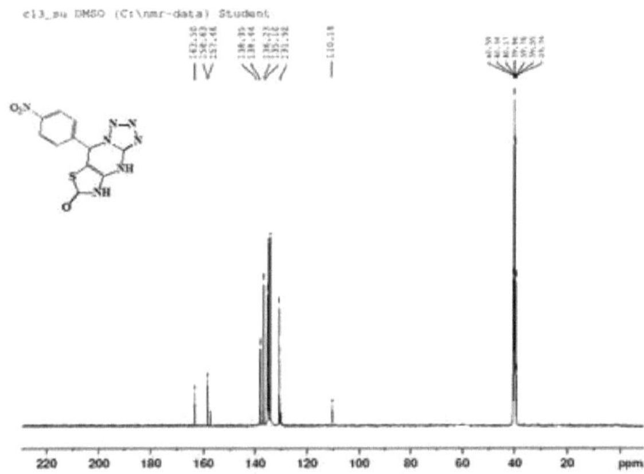

^{13}C-NMR of Compound 12d

3.3.3.1 Efeito da carga do catalisador

A relação entre as dosagens do catalisador e os rendimentos dos produtos é mostrada na **(Tabela 22)**

(Quadro 22): A quantidade de catalisador BSPPd para a síntese do derivado 4,8-di-hidro-7H-5-tia-1,2,3,3a,7,8-hexaaza-s-indacen-6-ona **12a**

Entrada	Cat.mol %	Rendimento %
1	2	14
2	5	42
3	6	64
4	7	81
5	8	87
6	9	95
7	10	98

8	11	98

[a] Condições de reação: **9a** (1 mmol), **10** (1 mmol), **11** (1 mmol) e catalisador (10 mol%) numa mistura de água e etanol (proporção 3:1) foram refluxados durante 15 minutos.

[b] Rendimentos isolados com base em **12a**

3.3.3.2 Efeito dos solventes

Para facilitar o manuseamento do procedimento, continuámos a otimizar o processo-modelo acima referido, detectando a eficácia de vários solventes clássicos escolhidos como meio de comparação (**Tabela 23**).

(Tabela 23): Efeito do solvente na síntese do derivado **12a** da 4,8-di-hidro-7H-5-tia-1,2,3,3a,7,8-hexaaza-s-indacen-6-ona

Solvente	Tempo (min)	Rendimento (%)
$CHCl_3$	60	63
CH3CN	60	59
THF	60	54
DCM	60	45
DMF	60	52
MeOH	30	79
ACOH	30	89
EtOH	15	93
H2O	15	94
H2O/EIOH	15	98

[a] As condições de reação **9a** (1 mmol), **10** (1 mmol), **11** (1 mmol) e catalisador (10 mol%) numa mistura de etanol e água (proporção 1:3) foram refluxadas durante 15 minutos.

[b] Rendimentos isolados com base em **12a-k**

3.3.3.3 Efeito de vários catalisadores de ácidos e bases de Lewis

Nos últimos anos, os complexos de Pd(II) têm recebido uma atenção considerável como catalisadores suaves de ácido de Lewis e de base de Lewis para uma série de transformações orgânicas. A tabela seguinte representa uma comparação entre os complexos testados e vários tipos de catalisadores **(Tabela 24).**

(Tabela 24): Utilização de diferentes ácidos de Lewis para a reação **12a**

Entrada	Cat (mol%)	Condições[3]	Rendimento (%)
1	Sem catalisador	água/etanol, 1 dia	Traço
2	$PdCl_2$ (10)	água/etanol, 15 min	39
3	$Pd(OAc)_2$(10)	água/etanol, 15 min	41
4	Mg (De (10)	água/etanol, 15 min	37
5	$FeCl_3.6H_2O$ (10)	água/etanol, 15 min	58
6	$Fe(OTf)_3$ (10)	água/etanol, 15 min	66
7	MnO2 (10)	água/etanol, 15 min	70
8	MПCMH2O (10)	água/etanol, 15 min	69
9	ZnBr2 (10)	água/etanol, 15 min	49
10	$Zn(OTf)_2$ (10)	água/etanol, 15 min	61
11	$CuCl_2$ (10)	água/etanol, 15 min	51
12	TiCl4 (10)	água/etanol, 15 min	59
13	MgCl2 (10)	água/etanol, 15 min	63
14	PTSA (10)	água/etanol, 15 min	51

15	p-TsOH (10)	água/etanol, 15 min	57
16	Et3N	água/etanol, 15 min	77
17	TBABrc	água/etanol, 15 min	68
18	[EMIM]Cl[d]	água/etanol, 15 min	81
19	BSP-Ni (10)	água/etanol, 15 min	94
20	BSP-Fe (10)	água/etanol, 15 min	96
21	BSP-Pd (10)	água/etanol, 15 min	98

[a] As condições de reação **9a** (1 mmol), **10** (1 mmol), **11** (1 mmol) e catalisador (0,1 mmol) numa mistura de água e etanol (proporção 3:1) foram refluxadas durante 15 minutos.

[b] Rendimentos isolados com base em **12a**

3.3.3.4 Reciclagem do catalisador BSPPd

O aspeto ecológico e económico deste protocolo sintético foi ainda estudado através da análise da possibilidade de reutilização do catalisador BSPPd nas próximas etapas da síntese do derivado **12a** da 4,8-di-hidro-7H-5-tia-1,2,3,3a,7,8-hexaaza-s-indacen-6-ona, como se mostra na **(Figura 52)**

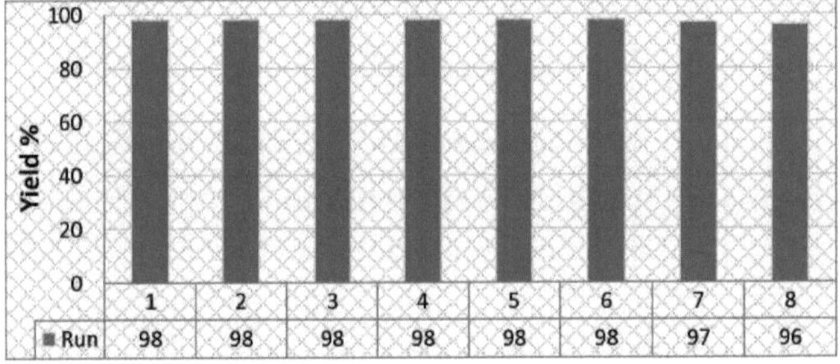

(Figura 52): Reciclabilidade do catalisador BSPPd na reação modelo.

3.3.3.5 Mecanismo plausível para a síntese de derivados de 4,8-di-hidro-7H-5-tia-1,2,3,3a,7,8- hexaaza-s-indacen-6-ona

Propomos o seguinte mecanismo possível para o protocolo sintético (**Esquema**

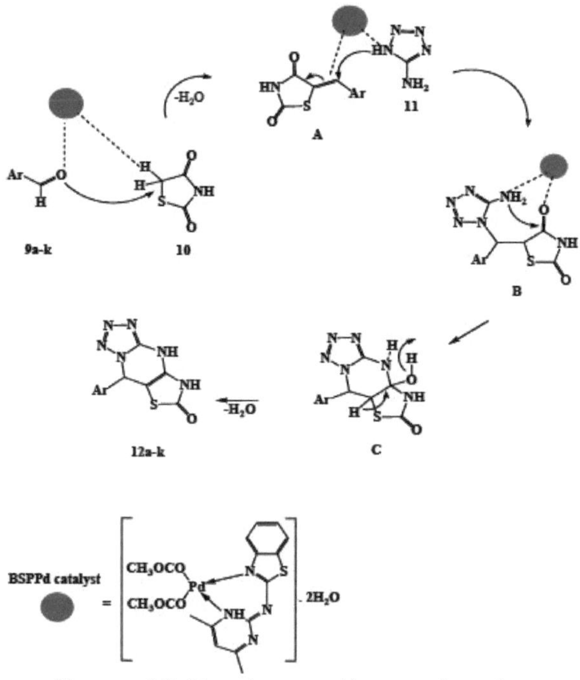

(Esquema 16): Mecanismo sugerido para a síntese dos derivados de 4,
8-dihidro-7H-5-tia-1,2,3,3a,7,8-hexaaza-s-indacen-6-ona e o papel catalítico do catalisador BSPPd

3.3.4 Atividade catalítica para a síntese de derivados de 6-piperidina-1-il-4,8-di-hidro-5-tia-1,2,3,3a,7,8-hexaaza-s-indaceno 17a-k

A avaliação da função catalítica do complexo de Pd(II) foi efectuada no âmbito da síntese de derivados de 6-piperidina -1- yl- 4,8 -dihidro -5-tia-1,2,3, 3a,7,8- hexaaza-s-indaceno. A este respeito, foi implementado um procedimento simples de um pote com quatro componentes de aldeído aromático **13a-k** (1mmol), rodanina **14**, pipredina **15** e 5- aminotetrazol **16** como modelo para o processo. Durante as avaliações actuais, foi efectuado o estudo sistemático da dosagem do catalisador, do solvente de reação e dos efeitos dos vários catalisadores de ácido de Lewis activos no aumento da reação. Na ausência do catalisador BSGPd, foi necessário mais tempo para que o traço do produto fosse notado. No entanto, os complexos de Pd(II), um catalisador que parecia excelente após um breve tempo de reação, aumentaram o rendimento na presença da reação. O rendimento dos produtos aumentou quando os complexos de Pd(II) estavam presentes, como mostra o **Esquema 17**. Uma série de aldeídos aromáticos submetidos a reacções de substituição electrofílica são sintetizados com sucesso em excelentes rendimentos, como ilustrado no (**Esquema 17**).

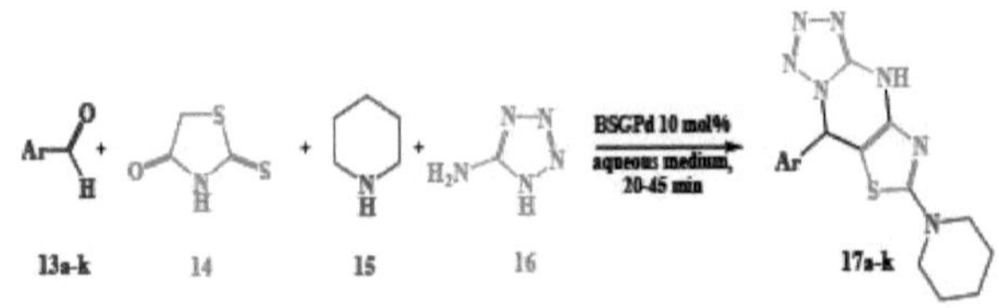

Ar–CHO + 14 + 15 + 16 → BSGPd 10 mol% aqueous medium, 20-45 min → 17a-k

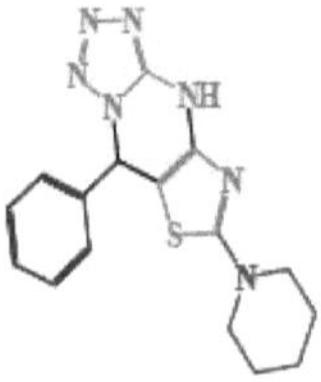

13a-k 14 15 16 17a-k

17a 20 min (98%)

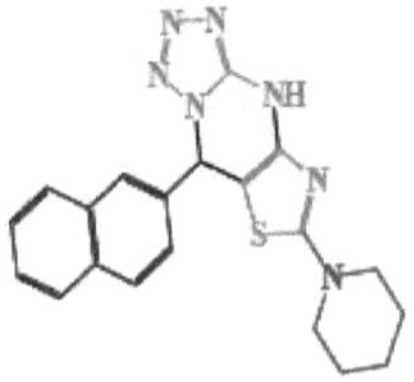

17b 25 min (95%)

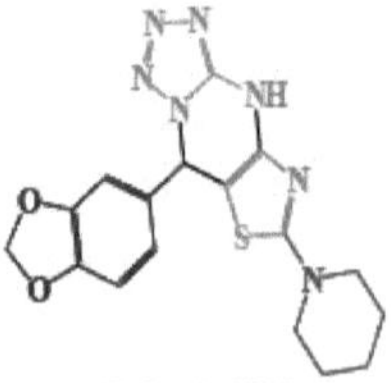

17c 30 min (91%)

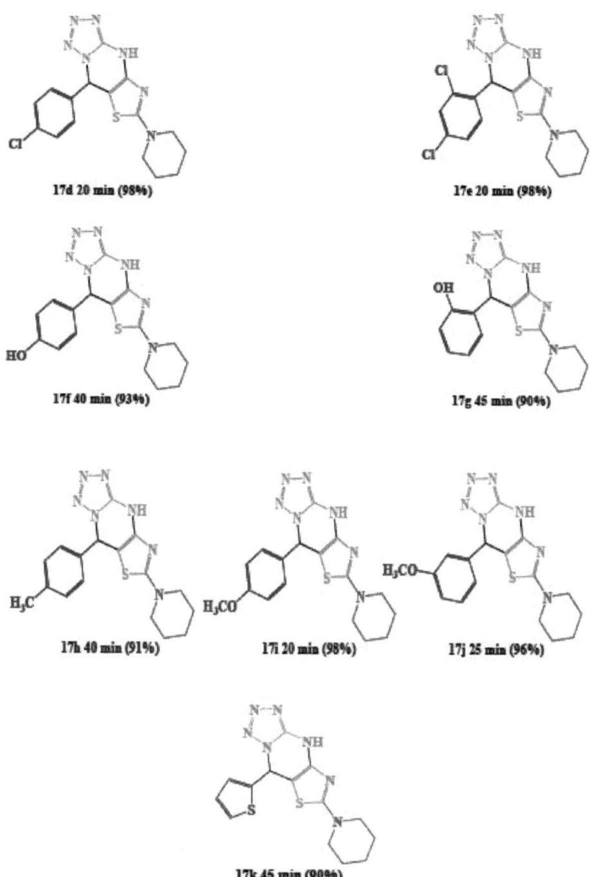

(Esquema 17): 6-piperidin-1-yl-4,8-dihydro-5-thia-1,2,3,3a,7,8-hexaaza-s-indacene derivados **17a-k** tempo de reação (min) e rendimento (%)

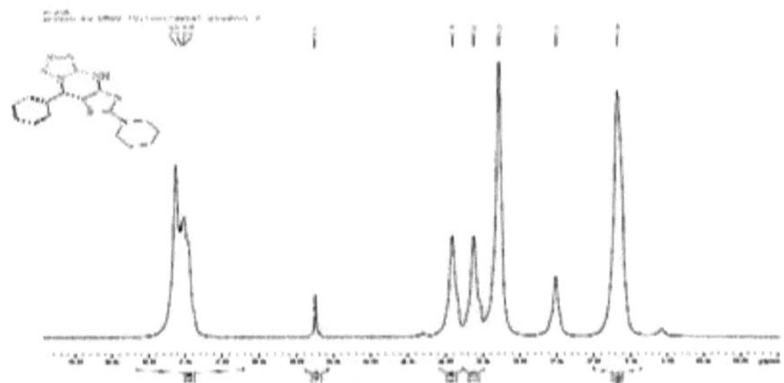

^{1}H-NMR of Compound 17a

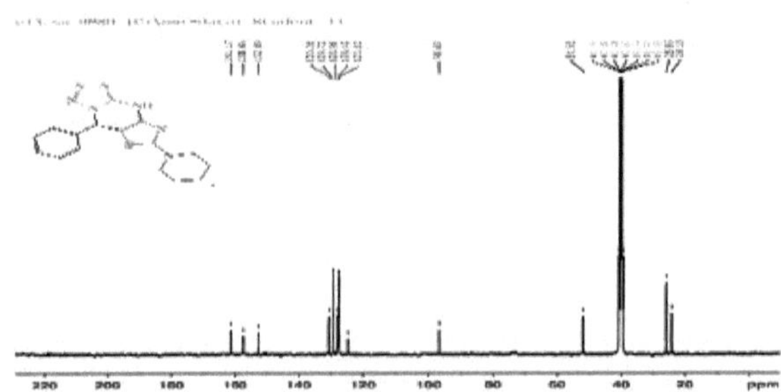

^{13}C-NMR of Compound 17a

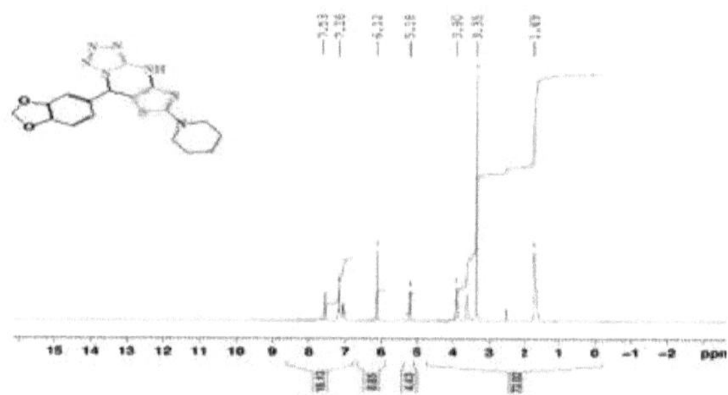

^{1}H-NMR of Compound 17c

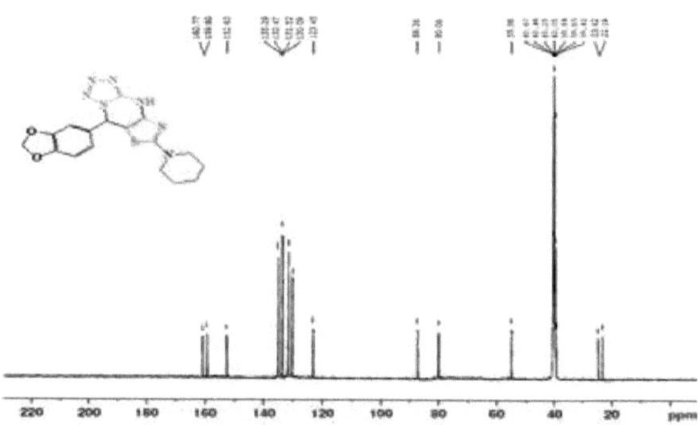

^{13}C-NMR of Compound 17c

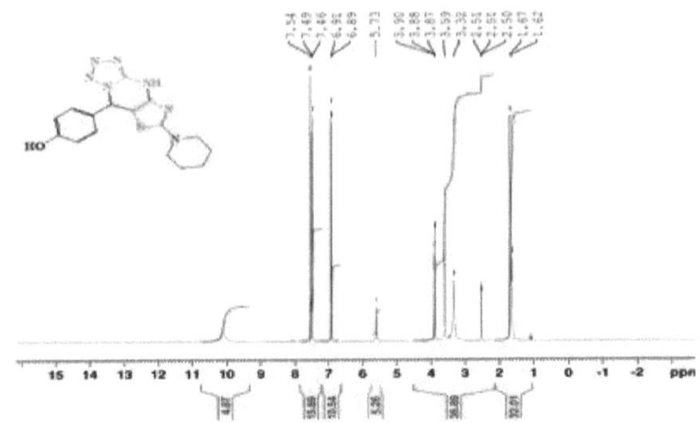

^{1}H-NMR of Compound 17f

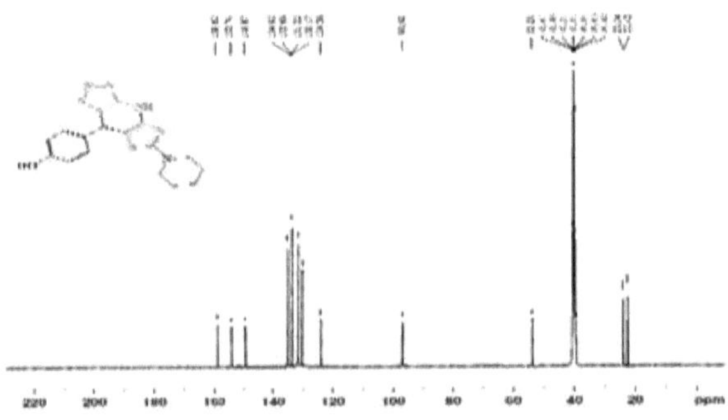

^{13}C-NMR of Compound 17f

3.3.4.1 Efeito da carga do catalisador

A relação entre as dosagens de catalisador e os rendimentos dos produtos é apresentada na **(Tabela 25)**

(Tabela 25): A quantidade de catalisador BSGPd para a síntese do derivado 6-piperidin-1-il-4,8- dihidro-5-tiaz-1,2,3,3a,7,8-hexaaza-s-indaceno **17a**

Entrada	Cat.mol %	Rendimento %
1	2	12
2	5	28
3	6	47
4	7	65
5	8	83
6	9	94
7	10	98
8	11	98

[a] Condições de reação: **13a** (1 mmol), **14** (1 mmol), **15** (1 mmol), **16** (1 mmol) e Catalisador (10 mol%) em mistura de água e etanol (proporção 3:1) foram refluxados durante

20 minutos.

[b] Os rendimentos isolados com base em **17a**

3.3.4.2 Efeito dos solventes

Para facilitar o manuseamento do procedimento, continuámos a otimizar o processo modelo acima referido, detectando a eficácia de vários solventes clássicos escolhidos como meio de comparação (**Tabela 26**).

(Tabela 26): Efeito do solvente na síntese do derivado 6-piperidin-1-il-4,8-di-hidro-5-tia-1,2,3,3a,7,8-hexaaza-s-indaceno **17a**

Solvente	Tempo (min)	Rendimento (%)
Tolueno	120	56
DCM	120	67
CH3CN	120	61
DMF	120	56
DCM	120	47
ACOH	90	81
MeOH	45	77
EtOH	30	91
H2O	30	93
EtOH/H2O	20	98

[a] Condições de reação **13a** (1 mmol), **14** (1 mmol), **15** (1 mmol), **16** (1 mmol) e catalisador BSGPd (10 mol%) em mistura de etanol e água (proporção 1:3) foram refluxados 20

min. [b] Rendimentos isolados com base em **17a**

3.3.4.3 Efeito de vários catalisadores de ácidos e bases de Lewis

Nos últimos anos, os complexos de Pd(II) têm recebido uma atenção considerável como catalisadores suaves de ácido de Lewis e de base de Lewis para uma série de transformações orgânicas. A tabela seguinte representa uma comparação entre os complexos testados e vários tipos de catalisadores **(Tabela 27).**

(Tabela 27): Utilização de diferentes ácidos de Lewis para a reação **17a**

Entrada	Cat (mol%)	Condições[3]	Rendimento (%)
1	Sem catalisador	água/etanol, 1 dia	Traço
2	PTSA (10)	água/etanol, 20 min	56
3	Mg (OTf)2 (10)	água/etanol, 20 min	35
4	FeCl3.6H2O (10)	água/etanol, 20 min	56
5	Fe(OTf)3 (10)	água/etanol, 20 min	64
6	MПCMH2O (10)	água/etanol, 20 min	64
7	MnO2 (10)	água/etanol, 20 min	68
8	TBABrc (10)	água/etanol, 20 min	57
9	CuCl2(10)	água/etanol, 20 min	51
10	TiCl4(10)	água/etanol, 20 min	52
11	CuO(10)	água/etanol, 20 min	60
12	[EMIM]Cld (10)	água/etanol, 20 min	63
13	p-TsOH (10)	água/etanol, 20 min	66
14	Pd(OAc)2(10)	água/etanol, 20 min	85

15	$PdCl_2$ (10)	água/etanol, 20 min	87
16	Et3N	água/etanol, 20 min	63
17	Piperidina	água/etanol, 20 min	71
18	BSG-Ni (10)	água/etanol, 20 min	92
19	BSG-Fe (10)	água/etanol, 20 min	96
20	BSG-Pd (10)	água/etanol, 20 min	98

[a] As condições de reação **13a** (1 mmol), **14** (1 mmol), **15** (1 mmol), **16** (1 mmol) e catalisador (0,1 mmol) numa mistura de água e etanol (proporção 3:1) foram refluxadas durante 20 minutos.

[b] Os rendimentos isolados com base em **17a**

3.3.4.4 Reciclagem do catalisador BSGPd

O aspeto ecológico e económico deste protocolo sintético foi ainda estudado através da análise da possibilidade de reutilização do catalisador BSGPd nas próximas etapas da síntese dos derivados de 6-piperidina-1-il-4,8-di-hidro-5-tia-1,2,3,3a,7,8-hexaaza-s-indaceno **17a**, como se mostra na **(Figura 53)**

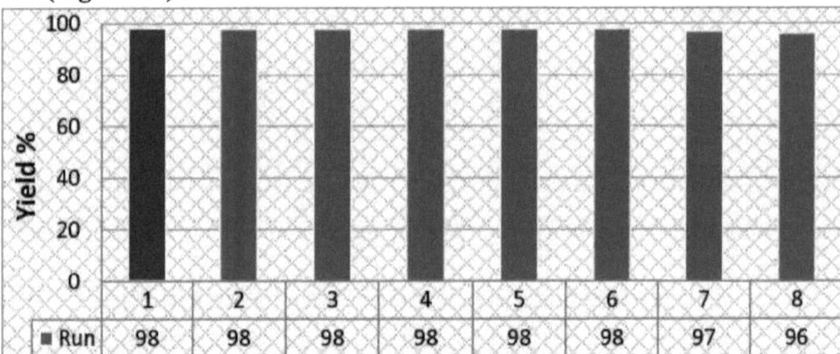

(Figura 53): Reciclabilidade do catalisador BSGPd na reação modelo.

3.3.4.5 Mecanismo plausível para a síntese de derivados de 6-piperidina-1-il-4,8-di-hidro-5-tia-1,2,3,3a,7,8-hexaaza-s-indaceno

Propomos o seguinte mecanismo possível para o protocolo de síntese (**Esquema** 18)

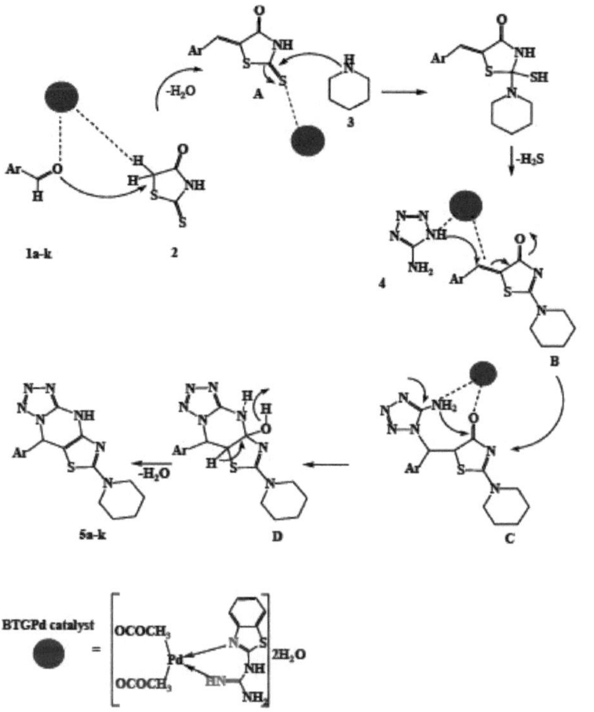

(Esquema 18): Mecanismo sugerido para a síntese dos derivados de 6-piperidin-1-il-4, 8-dihidro-5-tiaz-1,2,3,3a,7,8-hexaaza-s-indaceno e o papel catalítico do catalisador BSGPd

3.3.4.6 Bases teóricas para o comportamento catalítico do BSGPd

Esses conformadores foram optimizados pelo método DFT/B3LYP na base 6-31G++ para confirmar a oportunidade deste mecanismo através da estabilidade dos conformadores assumidos e a possibilidade da sua formação **(Esquema 19)**

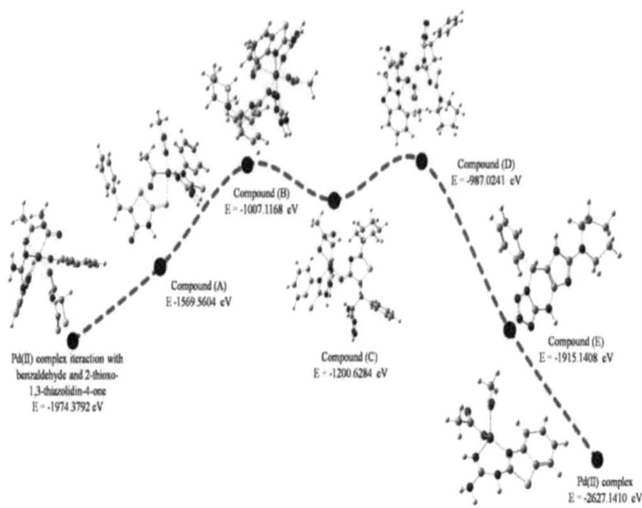

(Esquema 19): Perfil dos intermediários activados durante o comportamento catalítico pelo Complexo de Pd(II)

4 Discussão

4.1 Caracterização dos ligandos preparados e dos seus complexos

O percurso para os ligandos preparados e os seus complexos foi apresentado no **(Esquema 1-3)**

4.1.1 Determinação da estrutura cristalina de raios X

4.1.1.2 Estrutura cristalina de raios X da BSG e da BSP

A radiografia do ligando BSG mostrou que as ligações de hidrogénio intermoleculares N-H--- N entre as duas moléculas independentes dão origem a um dímero com ligações de hidrogénio. Outras ligações de hidrogénio fracas intermoleculares N-H- - - N ligam estes dímeros em cadeias. Também se observa uma ligação de hidrogénio intramolecular N-H--- N em cada molécula independente (**Figura 1**).

Dados cristalinos e refinamento da estrutura do ligando BSP: Fórmula empírica $C_{13}H_{12}N_4S$; Peso da fórmula 256.3; Reflexões independentes 5975 [R(int) = 0.0184]; Temperatura 296(2) K; Completude para theta = 28.34° e 99.2 % ; Comprimento de onda 0.71073 A; Transmissão máxima e mínima 0,9833 e 0,9750; Grupo espacial P -1; Densidade (calculada) 1,317 Mg/m3; Coeficiente de absorção 0,085 mm-1; Tamanho do cristal: 0,30 x 0,20 x 0,20 mm^3 **(Figura 2**).

4.1.2 Medições dos pontos de fusão dos ligandos derivados de tiazol-guanidina preparados e temperaturas de decomposição dos seus complexos

Os complexos testados são estáveis no ar. Os valores das temperaturas de decomposição dos complexos testados são superiores aos pontos de fusão dos seus ligandos correspondentes **(Tabela 1)**. Esta é uma indicação para a maior estabilidade térmica dos ligandos preparados através da complexação com iões Fe(III), Ni(II) e Pd(II) **[Abdel-Rahman et al., 2013 a; Abdel-Rahman et al., 2014 a; Abdel-Rahman et al, 2015 a, b; Abdel-Rahman et al., 2016 a-e; Abdel-Rahman et al., 2018; Abu-Dief et al., 2019 a, b; Abu-Dief et al., 2020 a-d; Khalaf et al., 2022; Al-Shamry et al., 2023; Abu-Dief et al., 2023 a,b]**.

4.1.3 Espectros de infravermelhos dos ligandos derivados de tiazol-guanidina preparados e dos seus complexos

A espetroscopia de infravermelhos fornece informações importantes sobre a investigação estrutural dos compostos testados. Os espectros de infravermelhos ajudam a estudar o ambiente que rodeia os grupos/ligações de quelação orgânica e a ideia de como o ligando está coordenado com o ião metálico. Quando um complexo é formado, os modos vibracionais dos ligandos podem mudar devido à sua interação com o átomo central. Como resultado, o espetro de IV do complexo apresentará deslocamentos ou alterações nas posições e intensidades dos picos correspondentes aos grupos funcionais dos ligandos. Estas alterações podem fornecer informações importantes sobre a natureza da ligação entre o átomo central e os ligandos. Nestes casos, o IR do ligando é geralmente comparado com o do complexo testado para se ter uma ideia sobre os seus espectros vibracionais que se espera que mudem e a mudança no vibracional pode estar relacionada com a simetria molecular ou com a mudança na frequência individual. Os grupos envolvidos na formação do complexo, bem como a influência do campo elétrico do ião metálico central na distribuição de carga dentro do ligando e do ião metálico central, podem ser estendidos a partir de um exame cuidadoso dos espectros dos complexos testados exclusivamente em comparação com o do ligando livre. O carácter de ligação nos complexos metálicos pode ser assumido tendo em conta as seguintes reflexões. **[Emara et al., 2007; Abdel-Rahman et al., 2015 a, b; Taha et al., 2016; Abdel-Rahman et al., 2016 a-e; Abdel-Rahman et al., 2017 a, b; Abu-Dief et al., 2021 a-c; Abu-Dief et al., 2023 a,b].**

- Posição e intensidade das vibrações do ligando: A posição e a intensidade dos picos no espetro de IV correspondentes às vibrações do ligando podem fornecer informações sobre a natureza da ligação entre os ligandos e o ião metálico. Por exemplo, se os ligandos estiverem coordenados ao ião metálico através de uma ligação covalente, os picos correspondentes às vibrações do ligando serão normalmente deslocados para frequências mais baixas.

- Divisão de bandas em placas múltiplas
- O aparecimento de novas bandas caraterísticas: Alguns complexos metálicos podem apresentar novas bandas caraterísticas no espetro de IV que são indicativas de um tipo particular de complexo. Por exemplo, as bandas M-O e M-N

Uma vista comparativa das bandas vibracionais caraterísticas observadas nos espectros de IV e para indicar alterações que possam ter ocorrido devido à complexação e os resultados são reunidos nas (**Figuras 3-5 e Tabela 2**).

Os espectros de IV do ligando BSG, dos complexos BSGFe, BSGNi e BSGPd foram apresentados na (**Figura 3**) e as vibrações essenciais foram extraídas e comparadas na (**Tabela 2**). O ligando BSG expôs uma banda a 3286 cm^{-1} , que foi atribuída ao grupo NH2. Em todos os complexos metálicos não houve nenhuma mudança significativa nesta banda, o que confirma a não participação deste grupo NH2 na coordenação **[Zayed et al., 2019; Al-Hazmi et al., 2020 a; Abumelha et al., 2020]**. Uma banda apareceu no ligante em 3144 cm^{-1} , esta banda foi deslocada em todos os complexos para frequências mais baixas na faixa de 3123 cm^{-1} , 3134 cm^{-1} , 3130 cm^{-1} para BSGFe, BSGNi e BSGPd respetivamente, o que aprova a participação do grupo NH na coordenação com íons metálicos **[Silku et al., 2016]**. O grupo C=N das bandas do anel tiazol foi exibido no ligante a 1616 cm^{-1} . Esta banda foi deslocada em todos os complexos para 1603, 1605 e 1604 cm^{-1} em BSGFe, BSGNi e BSGPd, respetivamente. A deslocação das bandas C=N aprova a sua participação na formação do quelato. Além disso, foram atribuídas bandas à presença de u_{as} (NO3) e u_s (NO3) do grupo nitrato do ião metálico e nitrato da esfera de ionização, respetivamente nos complexos metálicos BSGFe e BSGNi, que apareceram a 1398, 1317 cm^{-1} para o complexo BSGFe e 1409, 1312 cm^{-1} para o complexo BSGNi. A separação entre as bandas vibracionais dos grupos acetato ou nitrato (Д= uas-us) indica o seu modo de ligação monodentada. [**Emara et al., 2006; Emara et al., 2010; Abu-Dief et al., 2021 a; Alzahrani et al., 2021**]. No quelato metálico BSGPd surgiu uma nova ligação a 1445 cm^{-1} de acordo com o u_{as} (OAc) e us(OAc) do grupo acetato do ião metálico. Nas frequências mais baixas dos espectros de todos os complexos metálicos, foi encontrada uma nova banda na região de 516560 cm^{-1} e 418-430 cm^{-1} que foi atribuída a v(MO) e v(MN), respetivamente [**Tyagi et al., 2014a; Sharma et al., 1994 a; Seena et al., 2008; Abdel-Rahman et al., 2013 a; Abdel-Rahman et al, 2016 a-c; Abdel-Rahman et al., 2017 a-e; Abdel-Rahman et al., 2018; Abu-Dief et al., 2019 a, b; Abu-Dief et al., 2020 a-c; Abdel-Rahman et al., 2020 a-b; Abu-Dief et al., 2021 a; Alzahrani et al., 2021; Abu-Dief et al., 2021 b, c; El-Remaily et al., 2021 a-c; Abu-Dief et al., 2023 a,b]**. As outras bandas observadas na região 2990-3000 cm^{-1} podem ser atribuídas a u(CH) aromático. Além disso, os picos encontrados a 840 - 970 cm^{-1} são atribuídos ao modo de balanço da água coordenada em complexos metálicos [**Shebl et al., 2010; Abdel-Rahman et al., 2013 a, b; Abdel-Rahman et al., 2015 b; El-Tabl et al, 2015; Abdel-Rahman et al., 2016 a, b; Abdel-Rahman et al., 2017 d, e; Abu-Dief et al., 2020 a; Alzahrani et al., 2021; Abu-Dief et al., 2021 b, c; El-Remaily et al., 2021 a-c; Abu-Dief et al., 2023 a,b]**. A partir da comparação entre o espetro do BSG e os espectros dos seus complexos metálicos, concluiu-se que o ligando BSG actuou como ligando bidentado que se coordenou aos iões metálicos através do grupo - NH e do grupo C=N do anel tiazol.

Os espectros de infravermelhos típicos do ligando BSI, dos complexos BSIFe, BSINi e BSIPd foram apresentados na (**Figura 4 e Tabela 2**). A amplitude na região de alta frequência devido à presença de moléculas de água impede a discriminação exacta entre estas vibrações

[**Nakamoto et al., 1970**]. A banda a 3248 e 1591 cm^{-1} no espetro FT-IR do ligando **BSI** está relacionada com os grupos v (NH) e v (C=N), respetivamente [**Aljohani et al., 2023**]. Estas bandas deslocam-se para valores mais baixos nos espectros FT-IR dos complexos metálicos, onde v(NH) ocorre a 3155 cm^{-1} , 3175 cm^{-1} , e 3198 cm^{-1} , e v(C=N) a 1535 cm^{-1} , 1518 cm^{-1} e 1558 cm^{-1} nos complexos BSIFe, BSINi e BSIPd, respetivamente. Isto implica uma diminuição da natureza de ligação dupla da ligação carbono-nitrogénio através do desenvolvimento de uma ligação entre o NH e o C=N do ligando **BSI** e os iões metálicos. Pico de difração adicional nos espectros como resultado da ligação do grupo nitrato dentro da esfera de coordenação do complexo de Fe(III) e Ni(II). As frequências distinguíveis do grupo nitrato de coordenação no complexo de Fe(III) e Ni(II) mostram dois modos não degenerados a 1401 e 1317 para BSIFe cm^{-1} e 1399 e 1315 para BSINi cm^{-1} de u_{as} (NO_3) e u_s (NO_3). [**Nakamoto et al., 1986; Emara et al., 2010; Abdel- Rahman et al., 2015 a; Abdel-Rahman et al., 2017 b; Abu-Dief et al., 2019 a, b; Abu-Dief et al., 2020 a; Alzahrani et al 2021; Abu-Dief et al, 2021 b, c; El-Remaily et al., 2021 a-c; Abu-Dief et al., 2023 a,b**] O intervalo entre as duas vibrações (Д= uas -us) indica o modo monodentado de dois grupos. Duas bandas significativas a consideráveis em 1552 e 1416 cm^{-1} para o complexo BSIPd processado foram detectadas que podem ser u_{as} (OAc) e u_s(OAc) vibrações do grupo acetato. As outras bandas observadas na região 2970 -3010 cm^{-1} podem ser atribuídas a u(CH) aromático. Além disso, os picos encontrados a 840-970 cm^{-1} são atribuídos ao modo de balanço da molécula de água coordenada em complexos metálicos [**Shebl et al., 2010; Abdel-Rahman et al., 2015 b; El- Tabl et al., 2015; Abu-Dief et al., 2020 c**]. Este facto foi confirmado pelo aparecimento de novas bandas causadas por v (M-N) a 449 cm^{-1} , 436 cm^{-1} e 447 cm^{-1} nos complexos de BSIFe, BSINi e BSIPd, respetivamente. Isto é ainda corroborado pelo surgimento de novas bandas como resultado da criação de ligações metal-oxigénio na gama de 529-562 cm^{-1} [**Sharma et al., 1994 a; Seena et al., 2008; Abdel-Rahman et al., 2013 a; Abdel-Rahman et al., 2014 a; Abdel-Rahman et al, 2016 a-c; Abdel-Rahman et al., 2017 a-e; Abdel-Rahman et al., 2018, Abu-Dief et al., 2019 a, b; Abu-Dief et al., 2020 a; Abdel-Rahman et al., 2020 a-c; Abu-Dief et al., 2021 a-c; Alzahrani et al., 2021; El-Remaily et al., 2021 a-c; Abu-Dief et al., 2023 a,b**]. O aparecimento destes picos fornece provas adicionais de que se formaram complexos metálicos, uma vez que estão totalmente ausentes dos espectros do ligando BSI. Estas descobertas mostram que BSIFe, BSINi e BSIPd foram efetivamente produzidos, e postulamos que o ligando BSI coordena como um arranjo bi- dentado nos centros de iões metálicos Fe(III), Ni(II) e Pd(II) com base nestes dados de espetro.

No espetro de infravermelhos do ligando BSP e dos seus complexos metálicos (**Figura 5 e Tabela 2**), o ligando livre BSP apresentou bandas a 3181 cm^{-1} atribuídas à vibração и (NH). Enquanto nos espectros dos complexos, estas bandas vibracionais foram discriminadas de acordo com a atitude de ligação, esta banda apareceu deslocada para 3168, 3160 e 3163 cm^{-1} nos complexos BSPFe, BSPNi e BSPPd, respetivamente. Além disso, a banda atribuída a и (C=N) do anel de tiazol parece vibrar a 1600 cm^{-1} , esta vibração migrou para uma nova localização, que apareceu a 1579, 1570 e 1565 cm^{-1} para os complexos BSPFe, BSPNi e BSPPd, respetivamente [**Aljohani et al., 2023**]. Além disso, u_{as} (NO_3) e u_s (NO_3) foram observados em 1418 e 1316 para BSPFe e 1410 e 1321 para BSPNi cm^{-1} , respetivamente. Por outro lado, a banda vibracional do grupo acetato и (COO) foi observada em 1401 no espetro do BSPPd. A diferença vibracional (Д= uas-us) é maior e próxima à ligação monodentada de ambos os grupos acetato e nitrato [**Nakamoto, 1986; Emara, 2010; Abdel- Rahman et al., 2015 a; Abdel-Rahman et al., 2017 b; Abu-Dief et al., 2019 a, b; Abu-Dief et al., 2020 a; Alzahrani et al 2021; Abu-Dief et al., 2021 b, c; El-Remaily et al., 2021 a-c; Abu-Dief et**

al., 2023 a,b]. As outras bandas observadas na região 3045-3060 cm^{-1} podem ser atribuídas a и (CH) aromático. Além disso, os picos encontrados a 870-980 cm^{-1} são atribuídos ao modo de balanço da água coordenada em complexos metálicos [**Shebl et al., 2010; Abdel-Rahman et al., 2015 b; El-Tabl et al., 2015; Abu-Dief et al., 2020 c**]. A formação de complexos foi comprovada pelo desenvolvimento de novas bandas como resultado de v (M-N) a 431 cm^{-1} , 437 cm^{-1} e 435 cm^{-1} nos complexos de BSPFe, BSPNi e BSPPd, respetivamente. Isto é ainda corroborado pelo aparecimento de novas bandas como resultado da criação de ligações metal-oxigénio na gama de 538-550 cm^{-1} . [**Sharma et al., 1994 a; Seena et al., 2008; Abdel-Rahman et al., 2013 a; Abdel-Rahman et al., 2014 a; Abdel-Rahman et al., 2016 a-c; Abdel-Rahman et al., 2017 a-e; Abdel-Rahman et al, 2018, Abu-Dief et al., 2019 a, b; Abu-Dief et al., 2020 a; Abdel-Rahman et al., 2020 a-c; Abu-Dief et al., 2021 a-c; Alzahrani et al., 2021; El-Remaily et al., 2021 a-c; Abu-Dief et al., 2023 a,b**]. Uma vez que estes picos estão completamente ausentes dos espectros do ligando BSI, fornecem provas adicionais de que se formaram complexos metálicos.

4. 1.4 Espectros NMR

Os espectros de RMN são uma técnica de química analítica muito utilizada para a elucidação de estruturas e para a caraterização de muitos dos compostos testados. Diferentes grupos funcionais são claramente únicos, e grupos funcionais idênticos com diferentes substituintes vizinhos ainda dão sinais especiais **[Webster et al., 1992].**

4.1.4.1[1] H NMR spectra of the prepared thiazol-guanidine derivatives ligands The characteristic signals of[1] H-NMR for the ligands are illustrated in **(Tables 3).**

O espetro de RMN de 1H do ligando BSG (**Figura 6**) apresentou sinais a 6; 7,67 (s, 1H, NH), e [(7,46-7,24), (m), que são caraterísticos dos protões (1H, NH) e (4H, ArH), respetivamente. Além disso, os sinais observáveis a 6; 7,17-7,09 foram atribuídos a (s, 2H, NH_2).

[1]O espetro de RMN de H do ligando BSI (**Figura 8**) apresentou sinais a 6; 12,66 que são caraterísticos dos protões (s, 1H, OH) e 8,41-8,34 (m, 4H, ArH), respetivamente. Além disso, os sinais observáveis a 6; 8,01 (s) e 7,78 (s) foram atribuídos a protões (2H, 2NH) e 7,50-7,38 (d, 1H, CH), respetivamente.

[1]O espetro de RMN de H do ligando BSP (**Figura 10**) apresentou sinais a 6; 11,84 (s, 1H) e 7,90 (s, 1H), 7,61 (s, 1H), 7,39 (s, 1H), 7,22 (s, 1H) que são caraterísticos dos protões (1H, NH) e (4H, ArH), respetivamente. Além disso, os sinais observáveis a 6; 6,65 (s) e 1,19 (s) foram atribuídos a (1H, CH) e (6H, $2CH_3$), respetivamente. **[Nakamoto, 1970; Alaghaz et al., 2013; Abu-Dief et al., 2021a; Alzahrani et al., 2021, Abu-Dief et al., 2023 a,b].**

4.1.4.2[13] C NMR dos ligandos derivados de tiazol-guanidina preparados

[13]Os dados do espetro de RMN de C eram fiáveis com os dados do espetro de RMN de[1] H. Os sinais distintivos de[13] CNMR para os ligandos estão registados na (**Tabela 4**)

[13]O espetro de RMN de C do BSG (**Figura 7**) mostrou os seguintes sinais caraterísticos: 170,15, 158,48, 152,38, 130,69, 125,88, 122,45, 121,22 e 119,02.

[13]O espetro de RMN de C da BSI (**Figura 9**) apresentou os seguintes sinais caraterísticos: 165,12, 158,59, 156,72, 148,96, 135,62, 126,45, 124,32, 122,19, 120,21 e 80,10.

[13]O espetro de RMN de C do ligando BSP (**Figura 11**) apresentou sinais nítidos a 166,28, 160,98, 157,42, 155,18, 149,77, 127,45, 126,34, 119,21, 117,86, 103,13 e 22,10.

4.1.5 Espectros electrónicos moleculares dos compostos investigados

A espetroscopia eletrónica é uma técnica analítica poderosa que permite aos químicos estudar a estrutura eletrónica e a dinâmica de átomos e moléculas. Na espetroscopia eletrónica, uma amostra é exposta a radiação electromagnética, normalmente na região UV-Vis do espetro eletromagnético. À medida que a radiação interage com a amostra, os electrões são excitados do seu estado fundamental para níveis de energia mais elevados, e as transições electrónicas

resultantes levam à absorção ou emissão de radiação em comprimentos de onda específicos. No caso dos complexos de metais de transição, a espetroscopia eletrónica é particularmente útil porque as orbitais d dos átomos de metais de transição podem participar em transições electrónicas, conduzindo a bandas de absorção ou emissão caraterísticas. Ao estudar os espectros UV-vis destes complexos, os químicos podem obter informações sobre a estrutura eletrónica do centro metálico, o ambiente do ligando e a geometria global do complexo. Os espectros quantitativos de todos os compostos foram obtidos em DMF na gama de 200-800 nm a 25° C. A partir daí, as bandas espectrais (x_{max}), bem como a sua absortividade molar (s_{max}), estão listadas nas (**Tabelas 5-7**) e apresentadas nas **(Figuras 12-14)**. Para além das transições electrónicas d-d, podem também ocorrer transições de transferência de carga entre o metal e o ligando nos complexos de metais de transição. Estas transições envolvem tipicamente a transferência de electrões das orbitais do ligando para as orbitais do metal ou vice-versa. As transições de transferência de carga podem ser detectadas nos espectros UV-Vis e são tipicamente observadas como bandas largas e de baixa intensidade na região visível do espetro **[Li et al., 1998; shebl et al., 2013; Abdel-Rahman et al., 2016 a-d; Abdel-Rahman et al., 2017 a-e; Abdel-Rahman et al., 2018 b; Abdel Rahman et al., 2019 a-c; Abu-Dief et al,**
2020 a; Mumit et al., 2020; Adly et al., 2020; Abu-Dief et al., 2021 b; El-Remaily et al., 2021 a-c; Abu-Dief et al., 2023 a,b]. A informação obtida a partir dos espectros UV-Vis dos complexos de metais de transição pode ser tratada e analisada de várias formas para obter informações sobre a estrutura e a geometria do complexo.

Os espectros UV-Vis dos complexos BSG foram determinados (**Figura 12**) para isolar as bandas de transição efectivas que eram consistentes com a geometria estrita (**Tabela 5**). Os espectros foram registados a 25° C em solvente DMF com irradiação de 200-800 nm. Transições significativas e absortividade molar quantitativa (s_{max}). O ligando BSG apresenta três bandas a 238, 274 e 322 nm, que podem ser descritas como bandas л>л*-, n>n*- e intra-ligando, respetivamente. A associação de iões metálicos com o ligando leva a alterações significativas na própria molécula, juntamente com as alterações electrónicas nas orbitais do metal, indicando uma estrutura complicada. Foram detectadas nos complexos bandas modernas na vizinhança de 329-477 nm, que podem ser atribuídas à transferência de carga ligando>metal entre o ligando e o metal. Além disso, o desvio d>d no complexo BSGFe foi medido a 421 nm, indicando simetria octaédrica. A transformação no complexo BSGNi ocorreu em 394 nm, indicando uma transição LMCT e 477 nm indicando uma transição d>d. Além disso, a alteração eletrónica do complexo BSGPd a 370 nm foi visível, o que se deveu à transição LMCT. Além disso, outra banda apareceu em x_{max} 411 nm nos espectros do complexo BSGPd, que foi devido a uma transição d> d em geometria quadrado-planar [**Almazroia et al., 2019; Al-Hazmi et al 2019**; **Abdel-Rahman et al., 2019 a; Abu-Dief et al., 2020; Abu-Dief et al., 2021 b**; **El- Remaily et al., 2021 a-c; Abu-Dief et al., 2023 b**].

O espetro do ligando BSI foi registado para detetar alterações nas transições electrónicas e para elucidar novas bandas de transição d-d. As principais bandas de absorção, como a transferência de carga, a transição do campo ligante (d-d) e as transições intra-ligante, são fortemente influenciadas pela geometria, especialmente nos complexos de iões de metais de transição (**Figura 13**) e (**Tabela 6**). Os espectros de absorção do ligando BSI revelaram três bandas a 240, 273 e 321 nm, estando a primeira e a segunda bandas associadas à transição n-n* dos anéis de benzeno e tiazol. A terceira banda foi detectada a x_{max} = 321 nm, que pode ser correlacionada com a transição n-п* dos grupos OH, C=N e NH. A banda que surgiu a 396 e 379 nm nos complexos BSIFe e BSINi, respetivamente, correspondeu à transição LMCT. Esta transição provavelmente piora dos p/orbitais do ligando BSI para os d/orbitais dos iões metálicos. Outra indicação do processo de complexação é o aparecimento de uma banda larga de baixa intensidade na gama de 410-520 nm nos espectros electrónicos dos complexos de Fe(III) e Ni(II), que está ausente do espetro do ligando livre. Esta banda pode ser atribuída principalmente à transição d-d das estruturas dos quelatos metálicos examinados. As medições do complexo BSIPd revelaram cinco bandas caraterísticas a 241, 274, 329 e 395 e 413 nm devido às transições п-п, п-п, n-п, LMCT e^1 A_{1g} $--1A_{2g}$, respetivamente. Enquanto a geometria do plano quadrado é ditada pela banda de transição d-d **[Sun et al., 2013; Abdel-Rahman et al., 2017 a-e; Abdel-Rahman et al., 2018 a; Zare et al, 2019; Abu-Dief et al., 2019 a,b ; Al Hazmi et al 2019 ; Abu-Dief et al., 2020; Alzahrani, et.al., 2021; Abu-Dief et al., 2021 b; El- Remaily et al., 2021 a-c; Abu-Dief et al., 2023 a].**

No solvente DMF à temperatura ambiente, os espectros electrónicos do ligando BSP e dos seus complexos metálicos foram identificados (**Figura 14**) e (**Tabela 7**). Utilizando os espectros electrónicos, foi observado o estabelecimento do campo do ligando adjacente ao ião metálico. Os espectros a 272, 292 e 325 nm correspondem a transições intraligante п-п* e n-п*. Nos espectros electrónicos dos complexos, as transferências intraligantes devido a um pequeno deslocamento que suporta a cooperação regional a 324-361 nm. O complexo de Fe(III) incorpora dois movimentos permitidos pelo spin a 399 e 418 nm desculpáveis às transições LMCT e d-d respetivamente, propondo uma configuração octaédrica em torno do ião Fe [**Joseyphus et al., 2008; Kumar et al., 2009**]. Foram visíveis duas bandas de atenuação nos espectros electrónicos do complexo de Ni(II) a 402 e 464 nm, que podem ser potencialmente aludidas a duas transições de spin permitidas, transferência de carga do metal ligante e d-d, respetivamente. A estrutura fina da estrutura octaédrica influencia o ião Ni(II) [**Ammar et al., 2013**]. A frequência dos complexos de Pd(II) revela dois picos observados na vizinhança, algures em torno de 400 e 438 nm, que podem ser explicados por transições LMCT e d-d, respetivamente, indicando a geometria quadrado-planar em torno do ião Pd(II) [**Bosnich et al., 1968; Lever, 1984; Fierro et al., 2011; Abdel-Rahman et al., 2017 a-e; Abu-Dief et al., 2021 a; Alzahrani et al., 2021**].

4.1.6 Análise elementar dos ligandos preparados e dos seus complexos

A análise elementar é uma técnica comum utilizada para determinar a composição elementar de uma amostra. Envolve a medição da massa de uma amostra e, em seguida, a determinação das quantidades de vários elementos presentes na amostra através de vários métodos químicos. No caso dos complexos metálicos, a análise elementar pode fornecer informações importantes sobre a estequiometria do complexo, que podem ser utilizadas para obter informações sobre a geometria de coordenação do complexo e a natureza da ligação metal-ligando. Os resultados das análises elementares dos ligandos preparados e dos seus complexos estão listados na (**Tabela 8**) e sugerem que os ligandos BSG, BSI e BSP preparados actuam como ligandos bi-dentados, o que significa que se coordenam com o ião metálico através de dois átomos doadores. Este facto é apoiado pela relação estequiométrica entre o metal e o ligando nos complexos, que é de 1L:1M no caso dos complexos BSGPd, BSIPd e BSPPd e de 2L:1M no caso dos complexos BSGFe, BSIFe, BSPFe, BSGNi, BSINi e BSPNi, com base na análise elementar, e coincide com os valores teóricos.

4.1.7 Espectrofotometria de massa para os complexos investigados

A espetrometria de massa é uma técnica analítica poderosa que pode ser utilizada para estudar o peso molecular, a estrutura e os padrões de fragmentação de compostos, incluindo complexos metálicos. Na espetrometria de massa, uma amostra é ionizada e depois separada com base na relação massa/carga dos iões, o que pode fornecer informações sobre o peso molecular e a composição da amostra. No caso dos complexos metálicos, a espetrometria de massa pode ser utilizada para determinar o peso molecular do complexo e para identificar a presença de fragmentos ou compostos específicos.

Os espectros de massa dos complexos **BSG** produzidos foram obtidos e as suas composições estequiométricas foram comparadas. Os resultados são mostrados nas **Figuras 15-17.** O espetro do BSGFe apresentou um pico m/z a 662,5 amu (M^{+1}) com uma intensidade relativa de 15%, que corresponde à molécula [($C_{16}H_{20}N_{11}O_{11}S_2$)Fe] **(Figura 15)**. A fórmula molecular projectada do complexo BSGFe examinado foi confirmada pela correspondência do peso da fórmula molecular de 662 amu, validando a estequiometria do complexo de metal para a relação ligando de 1:2. Enquanto que o espetro do complexo [($C_{16}H_{18}N_{10}O_7S_2$) Ni] mostrou um pico de iões moleculares a 585,42 amu com uma intensidade relativa de 30%, o que é amplamente aceite, o peso molecular previsto (585 g/mol) (**Figura 16**), validando a estequiometria do complexo de metal para a relação ligando de 1:2. A análise da outra fragmentação, que é descrita no **(Esquema 4)** em estudos MS, $[M + H]^+$ foi fragmentada em 11 fragmentos de *m/z* 534, 504, 422, 357, 302, 192, 175, 150, 125, 93 e 68 com a decomposição completa. O espetro de [($C_{12}H_{18}N_4O_6S$) Pd] revelou um pico de ião molecular a 452,5 amu, com intensidade relativa de 40%, o que é altamente consensual, bem como o peso molecular esperado (585 g/mol) (**Figura 17**), validando a estequiometria do complexo de metal para a relação ligando de 1:1.

Os espectros de massa dos complexos **BSI** produzidos foram obtidos e as suas composições estequiométricas foram comparadas. Os resultados são mostrados na (**Figura 18-20**). Os picos de iões moleculares das espécies [($C_{20}H_{16}N_{11}O_{11}S_2$) Fe], que são equivalentes aos seus pesos moleculares sugeridos, são visíveis nos espectros de massa do quelato de Fe(III) a m/z 706,4 (M^{+1}), e os picos de base denotam a força das espécies iónicas com intensidade relativa de 22% (**Figura 18**), validando a estequiometria do complexo de razão metal-ligante de 1:2. A análise da outra fragmentação, que é descrita no **(Esquema 5)** em estudos de MS, $[M + H]^+$ foi fragmentada em 9 fragmentos de *m/z* 628,4, 566,4, 520,4, 464, 232, 192, 125, 93 e 56 com a decomposição completa. O pico do ião fragmentado correspondente à espécie [($C_{20}H_{20}N_{10}O_{10}S_2$) Ni] é visível no complexo de Ni (II) a m/z 683,3 com uma intensidade relativa de 35%, o que é amplamente aceite, o peso molecular previsto (683,3 g/mol) que suporta a formação do quelato de Ni (II) (**Figura 19**), validando a estequiometria do complexo de metal para a relação ligando de 1:2. Por outro lado, o complexo de Pd(II) apresenta os picos fragmentados a m/z 474,4 correspondentes à espécie [($C_{14}H_{16}N_4O_6S$) Pd] com intensidade relativa de 43% (**Figura 20**), validando a estequiometria do complexo de razão metal-ligante de 1:1. Os picos absorvidos dos complexos e os valores m/z suportam a sua estequiometria.

Os espectros de massa dos complexos **BSP** produzidos foram obtidos e as suas composições estequiométricas foram comparadas. Os resultados são mostrados na (**Figura 21-23**). O espetro de massa do complexo BSPFe revelou picos de iões moleculares a m/z 772,5 amu (M^{+1}) com intensidade relativa de 15%, correspondendo à fórmula [($C_{26}H_{26}N_{11}O_{10}S_2$) Fe], o que foi consistente com o peso molecular previsto de 772,31 amu (**Figura 21**), validando a estequiometria do complexo de metal para a relação de ligando de 1:2. O espetro de massa do complexo BSPNi revelou picos de iões moleculares em m/z 713,58 amu com intensidade relativa de 13%, correspondendo à fórmula [($C_{26}H_{26}N_{10}O_7S_2$) Ni], o que foi consistente com o peso molecular previsto de 713 amu (**Figura 22**), validando a estequiometria do complexo de metal para ligando de 1:2. O espetro de massa do complexo BSPPd revelou picos de iões moleculares em m/z 517,02 amu com intensidade relativa de 22%, correspondendo à fórmula [($C_{17}H_{22}N_4O_6S$) Pd], o que foi consistente com o peso molecular previsto de 517 amu (**Figura 23**), validando a estequiometria do complexo de razão metal-ligante de 1:1. A análise da outra fragmentação, que é descrita no **(Esquema 6)** em estudos MS, $[M + H]^+$ foi fragmentada em 11 fragmentos de *m/z* 499, 434, 407, 301, 257, 215, 177,

150, 110, 78 e 68 com a decomposição completa

4.1.8 Determinação da estequiometria dos complexos preparados em soluções 4.1.8.1 Métodos de variação contínua e de razão molar

A estequiometria dos quelatos BSGFe, BSGNi e BSGPd investigados, formados em solução entre o ligante BSG e o sal metálico, foi avaliada por variações contínuas e abordagens de razão molar. As abordagens de variação contínua e molar produziram curvas (**Figura 24 e 27**), mostrando absorbância máxima na fração molar igual a 1M:2L na razão molar para **bsgfe** e **bsgNi** e 1M:1L na razão molar no caso do **BSGPd**. Embora haja uma diferença aceitável na composição dos complexos criados no estado sólido ou em solução, a consistência melhora a composição no estado sólido [**Abu-Dief et al., 2023 b**].

Utilizando as técnicas de Job e de razão molar, foi determinada a estequiometria dos quelatos metálicos produzidos em solução entre a **BSI** e cada sal metálico, Fe(III), Ni(II) e Pd(II). A técnica de Job produziu estas curvas e o método da curva da razão molar (**Figura 25 e 28**) demonstrou absorção máxima em fracções molares equivalentes a 1M:2L no caso do **bsife** e do **bsiNi** e 1M:1L no caso do **BSIPd**. Embora cada quelato metálico produzido no estado de solução tenha uma grande probabilidade de aumentar a sua razão de ligandos devido à sua presença abundante, é preferível o quelato metálico com a razão mais estável em qualquer circunstância. Como resultado, pode-se concordar com a produção no estado sólido, como mostrado aqui [**Abu-Dief et al., 2023 a**].

Os métodos de variação contínua e de razão molar foram utilizados para determinar a estequiometria dos complexos **BSP** preparados (**Figura 26 e 29**). A curva de variação contínua apresenta um máximo de absorvância a uma fração molar de ligando equivalente a 1M:2L em razão molar no caso do **bspfe** e do **bspNi** e 1M:1L em razão molar no caso do **BSPPd**. A curva da razão molar confirmou a mesma razão molar entre os iões metálicos e o ligando. **[Yoe et al., 1944; Abdel-Rahman et al., 2013 a, b; Abd El-Lateef et al., 2015 a; Abdel- Rahman et al., 2016 a, b; Abd El-Lateef et al., 2017; Abdel-Rahman et al, 2018 a; Abdel-Rahman et al., 2019 a-c; Abu-Dief et al., 2020 a-d; Abu-Dief et al., 2021 b; El-Remaily et al., 2021 a-c; Qasem et al., 2022]**.

4.1.8.2 Determinação da constante de formação aparente dos complexos preparados

A constante de estabilidade (constante de formação, constante de ligação) é uma constante de equilíbrio para a formação de um complexo em solução. É um grau da força da interação entre os reagentes que se juntam para formar o complexo **[Issa et al., 1971; Shehata et al., 2012; Shehata et al., 2015; Abdel-Rahman et al., 2017 a-e; Abdel-Rahman et al, 2018 a, b; Abdel-Rahman et al., 2019 a-c; Shehata et al., 2019 a, b; Abu-Dief et al., 2019 a, b; Shehata et al., 2020; El-Remaily, M.A.E.A.A et al., 2021 a-c; Shoukry M. Mohamed et al., 2023; Abu-Dief et al., 2023 a, b]**. As constantes de formação (K_f) foram avaliadas através da aplicação do método de variação contínua. A estabilidade dos complexos foi ordenada por BSIFe > BSGFe > BSINi > BSPFe > BSGNi > BSPNi > BSIPd > BSGPd > BSPPd complexos de acordo com os valores de K_f. Além disso, os valores da energia livre de Gibbs (AG^) dos complexos foram estimados e o sinal negativo refere-se à natureza espontânea das reacções que produzem os complexos (**Tabela 9**).

4.1.9 Análise termogravimétrica (TGA) dos complexos sintetizados

TGA significa Análise Termogravimétrica, que é uma técnica utilizada para avaliar a estabilidade térmica de uma substância. A TGA mede a alteração do peso de uma substância à medida que esta é aquecida numa gama de temperaturas. A técnica é normalmente utilizada na ciência dos materiais, química e engenharia para determinar a estabilidade térmica de um material, bem como para estudar a sua cinética de decomposição e determinar os seus parâmetros de estabilidade térmica

A TGA foi usada para avaliar a estabilidade térmica dos complexos testados, foi conduzida até 10-800° C intervalo, sob atmosfera inerte (N_2 líquido) e por 10° C min^{-1} taxa de aquecimento, que se refere à presença ou ausência de moléculas de água cristalina **[Emara, 1996; Soliman et al, 2000; Abdel-Rahman et al., 2018 b; Abdel-Rahman et al., 2019 a-c; Abu-Dief et al., 2019 a; Katouah et al., 2020; Abu-Dief et al., 2020 a-c; Abu-Dief et al., 2021 a, b]** para medir a estabilidade térmica, a percentagem de água e o teor de metal residual. Todos os complexos testados são termicamente instáveis devido ao facto de a primeira fase de degradação ter começado a uma temperatura mais baixa *(~ 35oC)*. Isso coincide com a presença de moléculas de água cristalina com todas as esferas de coordenação. Outros três estágios consecutivos de degradação apareceram e abrangem a decomposição de todas as moléculas de coordenação e deixam resíduos de metal e carbono metálico, conforme mostrado na (**Tabela 10 a-c**) e (**Figuras 30-32**) **[Abdel-Rahman et al., 2015 a, b; Abdel-Rahman et al., 2016 a, b; Abdel-Rahman et al., 2017 a-e; Abu-Dief et al., 2020 a-e; Shebl et al., 2021]**.

A curva TGA do complexo BSGFe mostrou cinco fases de decomposição no intervalo de temperatura 47:710 °C (**Tabela 10a**). Duas moléculas de água hidratada e NO3 são perdidas na primeira etapa a 47-172 °C com uma perda de massa de 14,7 % (Calc. 14,8 %). A segunda fase 173-284° C corresponde à remoção de parte do ligando com moléculas de fórmula N7O6H7 com perda de massa (Encontrado 30,35 %, Calc. 30,36%). As fases posteriores a 285-354 °C são atribuídas como consequência do CH com uma perda líquida de massa de 1,97 % (Calc. 1,96 %). A quarta fase a 354-520 °C atribui-se à remoção da molécula C8N3S2 com perdas de massa (Encontrado 30,45 %, Calc. 30,50 %). O quinto estágio a 523-710 °C atribui à perda da molécula C5H8 com uma perda líquida de massa de 10,2 % (Calc. 10,2 %). Finalmente, o Fe metálico com resíduo de carbono é o produto final da decomposição térmica com perdas de massa (Encontrado 12,2 %, Calc. 12,16 %) [**Ehab et al., 2020; Alzahrani et al., 2021; Abu-Dief et al., 2021 a; Deshmukh et al., 2021; El-Remaily et al., 2021 a-c; Elkanzi et al., 2022 a; Abu-Dief et al., 2023 a-c]**

A curva TGA do complexo BSGNi mostrou cinco estágios de decomposição dentro da faixa de temperatura 52-755° C (**Tabela 10a**). A primeira etapa a 52-140° C corresponde à eliminação de H_2O de hidratação, com uma perda de massa de 3,1 % (Calc. 3,07 %). A segunda etapa a 145-382° C corresponde à remoção de C2N2O6 com perda de massa (Encontrado 25,2 %, Calc. 25,29 %). A terceira fase de decomposição ocorreu no intervalo de temperatura 384-437° C com uma perda líquida de massa de 8,46 % (Calc. 8,54 %), o que é consistente com a remoção de parte do ligando com a fórmula N_3H_8. A quarta etapa envolveu a perda de outra parte do ligando no intervalo de temperatura 438-620° C com perda de massa (Encontrado 41,7 %, Calc. 41,7 %). A quinta etapa a 622-755 °C identifica o desaparecimento da molécula C3H6 com perda de massa (Encontrado 7,3 %, Calc. 7,2 %) para dar finalmente Ni+C2 como um resíduo com perdas de massa (Encontrado 14,2 %, Calc. 14,1 %) [**El-Remaily et al., 2021 a-c; Mona et al., 2022; Abu-Dief et al., 2023 b**].

A curva TGA do complexo BSGPd mostrou três fases de decomposição no intervalo de temperatura 54-720oC (**Tabela 10a**). A decomposição da molécula C H O_{274} pode ser equivalente à perda de massa aproximada de 21% (perda de massa calculada = 20,99%) na primeira fase. A decomposição da molécula $C_6H_5N_4O_2S$ pode ser equivalente à perda de massa estimada de 43,53% (perda de massa determinada = 43,5%) durante a segunda fase de decomposição a temperaturas entre 310-572°C. A temperaturas entre 573-716°C, a terceira fase de degradação foi seguida pela perda de moléculas de C3H4, com uma perda de massa estimada de 8,8% (calculada = 8,82%). O Pd que tinha sido resíduo com CH2 ainda estava presente após a decomposição com perdas de massa (Encontrado 26,7 %, Calc. 26,65 %) **[Sallam, 2003; Abu-Dief et al., 2019 a-c; Abdel-Rahman et al., 2020 d; Alzahrani et al., 2021; Abu-Dief**

et al., 2023 b].

A curva TGA do complexo BSIFe mostrou quatro fases de decomposição no intervalo de temperatura 43-550° C (**Tabela 10b**). A decomposição térmica do complexo BSIFe revelou uma perda de massa de 8,7% (calculada em 8,8%) entre 43-158° C, que se deveu à perda de NO3 na primeira fase. Entre a temperatura 159-207° C, observou-se uma perda percentual de massa de 20,38 (calculada 20,4%), que foi devido à ausência de C4H6N3O3, e no terceiro estágio entre a temperatura 208-299° C, o complexo apresentou uma diminuição de massa de 31,99% (calculada 32%), que foi devido à eliminação de C6H4N5O5. E por fim, uma remoção percentual de massa de 29% (calc. 28,99%) devido à decomposição do C9H5N2S2 na faixa de temperatura 300-543° C. O último resíduo restante foi Fe+ CH com perdas de massa (Encontrado 9,83%, Calc. 9,81%). **[El-Gammal et al., 2012; Abu- Dief et al., 2020 b; Abu-Dief et al., 2021 a; Alzahrani et al., 2021; Deshmukh et al., 2021; El-Remaily et al., 2021 a-c; Elkanzi et al., 2022 a; Abu-Dief et al., 2023 a-c]**.

A curva TGA do complexo BSINi mostrou cinco fases de decomposição no intervalo de temperatura de 37-580° C (Tabela 10b). Duas moléculas de água hidratada são perdidas na primeira fase a 37-220 °C com uma perda de massa estimada de 5,2% (calculado = 5,2%). A segunda fase a 221-328 °C é atribuída à eliminação de moléculas de $2NO_3$ com uma perda de massa estimada de 18,1% (calculada = 18,12%). A terceira fase a 329-418 °C é atribuída à eliminação de C2H4NO2 com uma perda de massa estimada de 10,95% (calculada = 10,85%). A quarta fase, a 419-489 °C, diz respeito à perda da molécula C6H6N7S2 com uma perda de massa estimada em 35,1% (calculada = 35,12%). A quinta fase a 489-578 °C atribui à perda da molécula C9H5 com uma perda de massa estimada de 16,6% (calculada = 16,5%) para dar Ni+C3H como um resíduo de perda de massa (encontrado 14,01%, calculado 13,98%). **[El-Gammal et al., 2012; El-Remaily et al., 2021 a-c; Mona et al., 2022; Abu-Dief et al., 2023 a-c]**.

A decomposição térmica do complexo BSIPd apresenta o seguinte padrão de decomposição no intervalo de temperatura de 28-700° C (Tabela 10b): a primeira etapa, ao longo do intervalo de temperatura de 28-130° C, representa a eliminação de H2O, com uma massa encontrada de 3,8% (calc.3,7%). A segunda etapa, com uma perda de massa estimada de 12,4% (calc. 12,3%) ao longo do intervalo de temperatura 131-188° C, refere-se à eliminação de C2H3O2. A terceira etapa, com uma eliminação mássica estimada de 16% (calc. 15,97%) em toda a gama de temperaturas 189-227° C, refere-se à remoção de C2H4O3. A quarta etapa, com uma eliminação mássica estimada de 14,1% (calc. 14%) durante todo o intervalo de temperatura 228-358° C, refere-se à remoção de C3H3N2. A última etapa, no intervalo de temperaturas 359-681° C, refere-se à eliminação do C6H3N2S, com uma eliminação mássica de 28,4% (calc. 28,3%), deixando CH e o metal Pd como resíduo metálico (25,3% encontrado, (25,2% calculado)

[Abdel-Rahman et al., 2019 a-c; El-Boraey et al., 2020; Abu-Dief et al., 2020 a-c; Sharfalddin et al., 2021; El-Remaily et al., 2021 a-c; Abu-Dief et al., 2023 a-c].

A curva TGA do complexo BSPFe mostrou quatro etapas de decomposição no intervalo de temperatura de 53-750° C (Tabela 10c). O primeiro passo é a decomposição de H2O com uma perda de massa de 2,3% (calculada 2,3%) em torno de 53-214°C, o segundo passo mostra a decomposição de C13H16N9O9S2 com uma perda de massa de 65,45% (calculada 65,5%) em torno de 215-358° C. A etapa três tem uma perda de massa de 10,6% (calculada 10,6%) com decomposição térmica atribuída à perda de C4H6N2 a 359-560°C, a última etapa, a etapa quatro, tem uma perda de massa de 8,03% (calculada 8,02%) com decomposição de C5H2 a 563-741°C para dar Fe+C4 como um resíduo com perdas de massa (Encontrado 13,6%, Calc. 13,5%). **[El-Gammal et al., 2012; Ehab et al., 2020; Alzahrani et al., 2021; Abu-Dief et**

al., 2021 a; Deshmukh et al., 2021; El-Remaily et al., 2021 a-c; Elkanzi et al., 2022 a; Abu-Dief et al., 2023 a-c].

A curva TGA do complexo BSPNi mostrou três estágios de decomposição dentro da faixa de temperatura 36-590oC (Tabela 10c). A primeira etapa a 36-306° C corresponde à eliminação do C10H4N3O7, com uma perda de massa de 38,99 % (Calc. 39 %). A segunda etapa a 307-370 corresponde à remoção de parte do ligante de fórmula CH10N3 com perda de massa de 9,00 %, calculada em 8,97 %. A terceira fase de decomposição ocorreu no intervalo de temperatura 371-586° C com uma perda líquida de massa de 40,11% (Calc. 40,11%) que é consistente com a remoção de parte do ligando com a fórmula C13H10N4S2. Para dar finalmente Ni + C2H2 como um resíduo com perdas de massa (Encontrado 11,9 %, Calc. 11,9 %) [**El- Gammal et al., 2012; Pradeepa et al., 2013; Mona et al., 2022; Abu-Dief et al., 2023 a-c**].

A curva TGA do complexo BSPPd mostrou cinco etapas de decomposição no intervalo de temperatura 51-745° C (Tabela 10c). A primeira etapa na curva TGA ocorreu na faixa de temperatura 51-122°C e corresponde à perda de moléculas de água hidratadas no complexo com perda de massa encontrada de 3,45 %, calculada de 3,48 %. A segunda etapa ocorre no intervalo de 123-230 °C e corresponde às perdas de moléculas de H_2 O + C2H3O2 com uma perda de massa estimada de 14,86 % (calc. 14,89 %) dos complexos. A terceira etapa ocorre entre 232 °C e 410 °C e é considerada a perda de moléculas C5H8N2O2S com uma redução de massa estimada de 30,96 % (calc. 30,94 %). A quarta etapa ocorre a 412-537 °C e pode ser atribuída à perda de fragmentos C5H3N2, com uma perda de massa estimada de 17,6% (calc. 17,6%). A perda final de 12,36% (calc. 12,37%) ocorre a 538-735 °C e corresponde à perda de C5H4 deixando o metal Pd como resíduo final com perdas de massa (Encontrado 20,7 %, Calc. 20,6 %). [**Sallam, 2003; Montazerozohori et al., 2015; Abu-Dief et al., 2019 a-c; Alzahrani et al., 2021; Abu-Dief et al., 2023 a, b]**

4.1.10 Estudos dos parâmetros cinéticos e termodinâmicos da decomposição dos complexos preparados

O método de Coats-Redfern é uma técnica amplamente utilizada para determinar os parâmetros cinéticos de reacções de decomposição não isotérmicas em estado sólido. O método baseia-se na análise das curvas de análise termogravimétrica (TGA) obtidas.

No método Coats-Redfern, os dados de TGA são utilizados para calcular a energia de ativação (Ea), o fator pré-exponencial (A) e a ordem de reação (n) da reação de decomposição. O método assume que a reação de decomposição segue uma cinética de reação de primeira ordem e que o mecanismo de reação é independente da taxa de aquecimento. **[Coats et al., 1964; Shebl et al., 2013; Abdel-Rahman et al., 2015 a, b; Shehata et al., 2015; Abdel-Rahman et al., 2016 a, b; Abdel-Rahman et al., 2017 a-e; Abdel-Rahman et al, 2018 b; Abu-Dief et al., 2019 a-b; Shehata et al., 2020; Shebl et al., 2020; Abu-Dief et al., 2020 a; Sharfalddin et al., 2021; El-Remaily et al., 2021 a-c; Abu-Dief et al., 2023 a, b]**. Os parâmetros termocinéticos das etapas de degradação dos quelatos metálicos estão listados nas (**Tabelas 11 a-c**). A partir dos dados obtidos, os seguintes avisos:

A energia de ativação (E*), a entropia de ativação (*AS**)*, a entalpia de ativação (*AH**), a constante de Arrhenius (A) e a mudança de energia livre (*AG**) foram calculadas para os complexos testados utilizando a equação padrão **[Coats, 1964; Al- Hamdani et al., 2017; Majeed et al., 2021]**.

O valor negativo de AS para a entropia de ativação (AS*) indica que o complexo ativado é menos desordenado do que os reagentes. Isto deve-se ao facto de o estado de transição representar um estado intermédio altamente organizado e estruturado entre os reagentes e os produtos, onde as moléculas dos reagentes estão em processo de quebra e formação de novas ligações químicas **[Vinodkumar, 2000; Abdel-Rahman et al., 2015 a, b; Abdel-Rahman et**

al., 2016 a, b; Alzahrani et al., 2021; El-Remaily et al., 2021 ac; Abu-Dief et al., 2023 a, b].

O valor positivo da entalpia de ativação (AH*) indica que o processo de decomposição é endotérmico, o que significa que necessita de energia para quebrar as ligações nas moléculas dos reagentes e formar o complexo ativado. Esta energia é normalmente fornecida sob a forma de calor, o que provoca o aumento da temperatura do sistema.

Os valores positivos elevados da energia livre de ativação (*AG**) para a maioria das etapas das reacções de decomposição dos complexos sintetizados significam que as reacções de decomposição são mais lentas do que as normais e revelam que a energia livre do resíduo final é superior à do composto inicial; por conseguinte, todas as etapas de decomposição são processos não espontâneos **[Maravalli et al., 1999; Kandil et al., 2004; Abdel-Rahman et al., 2016 e; Adly et al., 2020; Altun et al., 2021]**.

A energia de ativação (Ea) pode ser utilizada como um indicador da estabilidade de um complexo, e uma energia de ativação mais elevada corresponde geralmente a um complexo mais estável. Isto porque uma energia de ativação mais elevada indica que é necessária mais energia para quebrar as ligações nas moléculas reagentes e formar o complexo ativado, o que, por sua vez, implica que o complexo é mais estável. No entanto, é importante notar que a relação entre a energia de ativação e a estabilidade do complexo nem sempre é direta e pode depender de factores como a natureza dos reagentes, o mecanismo de reação e as condições de reação. No que diz respeito à primeira etapa de uma reação de decomposição, é verdade que tem frequentemente uma energia de ativação mais baixa do que as etapas subsequentes, uma vez que pode envolver a remoção de espécies com ligações relativamente fracas, tais como moléculas de água cristalina. Isto pode resultar numa barreira de energia de ativação mais baixa e numa taxa de reação mais rápida para o primeiro passo **[Maravalli et al., 1999; Kandil et al., 2004; Abdel-Rahman et al., 2019 a-c; Majeed et al., 2021; El-Remaily et al., 2021 a-c; Abu-Dief et al., 2023 a, b]**.

O sinal positivo de AG, aponta para a natureza não espontânea das etapas de decomposição. Além disso, o aumento dos valores negativos de TAS leva a um aumento sequenciado dos valores de AG [**Abu-Dief et al., 2019 a; Abu-Dief et al., 2020 a-e; Altun et al., 2021]**. A decomposição térmica dos complexos não é simples e os processos geralmente envolvem etapas sobrepostas que, juntamente com a grande diversidade de possíveis produtos intermediários, impedem a interpretação exaustiva dos padrões de decomposição térmica para muitos complexos. Em todos os complexos a desidratação é o primeiro passo, sempre que contenham moléculas de água, a perda da cadeia lateral dos ligandos é o segundo passo e a perda dos fragmentos de ligandos é considerada o terceiro ou último passo com a formação dos produtos finais. Em geral, para os complexos testados existem variedades na força da ligação de coordenação formada e a estabilidade térmica depende principalmente do tipo de ião metálico e dos ligandos utilizados. Existe uma relação direta entre (*E**) e (*A*) para os complexos obtidos. Os valores relativamente baixos de (A) indicam a natureza lenta da reação de pirólise. Os valores positivos mais elevados de (E*) indicam que os processos que envolvem estados translacionais, rotacionais, vibracionais e alterações na energia potencial mecânica para os complexos **[Frost et al., 1961; Nair et al., 1995; el-sayed et al., 2021; Majeed et al., 2021; Altun et al., 2021]**.

4.1.11 Medições da condutividade eléctrica e do momento magnético dos complexos preparados

As medições de condutância molar são normalmente utilizadas para determinar se um composto é um eletrólito ou um não eletrólito. Um eletrólito é um composto que se dissocia em iões quando dissolvido num solvente, enquanto um não eletrólito não se dissocia em iões e permanece na forma molecular. No caso dos complexos de Ni(II) e Pd(II) preparados, as medições da condutância molar indicam que não são electrólitos, uma vez que não se observou um aumento significativo da condutividade após a dissolução num solvente. Isto sugere que estes complexos não se dissociam em iões em solução e permanecem na forma molecular. Isto deve-se ao envolvimento de aniões conjugados (OAC^- & NO_3^-) dentro da esfera de coordenação como uma molécula de covalência. Isto é claro a partir dos dados de condutividade (**Tabela 12**). Por outro lado, o complexo de Fe(III) exibiu uma natureza monoelectrolítica, indicando que se dissocia em iões quando dissolvido num solvente. Isto pode dever-se à presença de grupos ou iões carregados no complexo que podem dissociar-se e contribuir para a condutividade da solução [**Chandra et al., 2005; Tyagi et al., 2014a; Abdel-Rahman et al., 2015 a, b; Mohamed et al., 2015: Abdel-Rahman et al., 2016 a, b; Abdel-Rahman et al., 2017 a-e**; **Abdel-Rahman et al., 2018 a; Abdel-Rahman et al., 2019 b; Abu-Dief et al., 2019 a; Abu-Dief et al., 2020 a-d; Mandour et al., 2021; El-Remaily et al., 2021 a-c; Abu-Dief et al., 2023 a, b]**. As medições da suscetibilidade magnética são normalmente utilizadas para fornecer informações sobre a estrutura eletrónica e as propriedades magnéticas dos compostos de coordenação. Em particular, o momento magnético de um complexo pode fornecer informações sobre o número e o tipo de electrões não emparelhados no centro metálico, o que, por sua vez, pode ajudar a confirmar a geometria de coordenação e a força do campo ligante do complexo. O método de Gouy é uma técnica muito utilizada para determinar o momento magnético de um complexo e envolve a medição da alteração da massa de uma amostra quando colocada num campo magnético. O momento magnético efetivo (pe_{ff}) indicado na (**Tabela 12**) fornece informações sobre o número de electrões não emparelhados no centro metálico do complexo. Especificamente, um valor u_{ef} que seja consistente com o número esperado de electrões não emparelhados para o ião metálico pode fornecer evidências para a geometria de coordenação proposta e a força do campo ligante do complexo. As propriedades magnéticas dos complexos de Fe(III) preparados devem-se à presença de electrões não emparelhados na orbital d parcialmente preenchida na camada exterior do ião Fe(III). As medições de suscetibilidade magnética mostraram que os complexos de Fe(III) preparados têm carácter paramagnético, sugerindo uma geometria octaédrica de spin elevado (5,49, 5,47 e 5,53 B.M.) **[Mabbs et al., 1973; Abu-Dief et al., 2020 b; Alzahrani et al., 2021; El-Remaily et al., 2021 a-c; Abu-Dief et al., 2023 a,b]**. Os complexos de Ni (II) mostram momentos magnéticos correspondentes a dois electrões não emparelhados, ou seja, (2,47, 2,43 e 2,46 B.M.) perto do momento apenas de spin para d^8 sistemas **[Mabbs et al., 1973; Alaghaz et al, 2013; Abdel-Rahman et al., 2016 a; Shebl et al., 2017; Shebl et al., 2019; Abu-Dief et al., 2019 a; Abu-Dief et al., 2020 a-d; El-Remaily et al., 2021 a-c; Abu-Dief et al., 2023 a, b]**. Enquanto os complexos de Pd (II) não têm momento magnético, o que indica que o diamagnetismo dos complexos de Pd (II) era esperado com sua geometria quadrada planar para dsp^2 hibridização [**Chandra et al., 2002; Abu-Dief et al., 2021 a-c; El-Remaily et al., 2021 a-c; Abu-Dief et al., 2023 a, b].**

4.1.12 Intervalo de estabilidade dos complexos testados em diferentes meios de pH

Os padrões de pH observados para os quelatos BSG, BSI e BSP estudados (M = Fe, Ni e Pd) podem fornecer informações importantes sobre as propriedades ácido-base e a estabilidade dos complexos (**Figuras 33-35**). Os complexos mostraram-se estáveis no intervalo de pH= 4 a 10/11, o que é considerado suficiente para executar qualquer aplicação nesse intervalo sem decomposição do complexo **[Shaker et al., 2003; Shehata et al., 2011; Shehata et al., 2012; Abdel-Rhaman et al, 2013 a, b; Abdel-Rhaman et al., 2015 a, b; Abdel-Rhaman et al., 2016 a, b; Shehata et al., 2016; Abdel-Rahman et al., 2019 a, c; Abu-Dief et al., 2019 a; Abu-Dief et al., 2020 a-d; Pajuelo et al., 2021; El-Remaily et al., 2021 a-c; Abu-Dief et al.,**

2023 a, b].

4.1.13 Orientação estrutural

4.1.13.1 Estudo conformacional do ligando BSG e dos seus complexos

4.1.13.1.1 As estruturas tridimensionais do ligando BSG e dos seus complexos

As estruturas tridimensionais do ligando BSG e dos seus complexos são apresentadas na (**Figura 36**). Como consequência da otimização dos complexos BSGFe e BSGNi, formou-se uma estrutura geométrica octaédrica em torno do núcleo do ião metálico, como se mostra na (**Figura 36**). (**Figura 36**) mostra que o BSGPd foi optimizado para uma estrutura tetraédrica distorcida em torno do ião Pd(II). Foram efectuados cálculos para determinar o grau de distorção (τ_4) que estava presente na estrutura da geometria de quatro coordenadas [**Yang et al., 2007**]. Numa geometria quadrada plana perfeita, o grau de distorção é igual a zero, mas numa geometria tetraédrica perfeita, é igual a um. Ao encontrar o valor 0,79 para o BSGFPd, confirmámos a geometria tetraédrica distorcida, como se mostra na (**Figura 36**).

4.1.13.1.2 Parâmetros HOMO-LUMO e reatividade

Sobre as geometrias otimizadas, foi realizada uma análise de orbitais moleculares nos níveis de DFT/B3LYP (6-311G (d,p) e LANL2DZ), (Figura 31). Exploração das orbitais HOMO-LUMO (**Figura 37, 38**), além disso, as energias das orbitais moleculares de fronteira foram utilizadas para calcular descritores de mecânica quântica, (**Tabela 13**), tais como o gap MOs (AE = LUMO - HOMO), energia de ionização (IE = -HOMO), afinidade eletrónica (EA= -LUMO), eletronegatividade (EN = (IE+EA)/2), potencial químico (CP = - (IE+EA)/2), dureza química (CH = ((IE - EA)/2), suavidade química global (S = 1/2CH), carga eletrónica (Nmax = -CP/CH) e índice de electrofilicidade (EP = CP^2 /2CH) [**Elkanzi et al., 2022 a; Alghuwainem et al., 2022; Elkanzi et al., 2023; Alghuwainem et al., 2023**]. Tanto o ligando como os complexos metálicos apresentaram valores negativos para as suas energias HOMO e LUMO, o que sugere que são estáveis [**Fukui et al., 1970; Fukui et al., 1971; Fukui et al., 1982**]. As caraterísticas moleculares que são apresentadas na (**Tabela 13**) sugerem que todos os complexos metálicos são mais activos do que o ligando livre [**Hossain et al., 2022; Arafath et al., 2023**]. Mais especificamente, o BSGPd é o mais negativo do que os outros compostos. Em comparação com os outros compostos, os complexos metálicos inteiros têm um gap de energia (AE) reduzido do que o ligando livre, o que lhe permite ser mais reativo e estável [**Miar et al., 2021; Jarad et al., 2023**]. Mais especificamente, o complexo BSGPd tem o menor gap de energia (AE), (**Tabela 13**). Assim, o complexo BSGPd foi proposto como tendo a maior reatividade [**Al-Gaber et al., 2023; Hrichi et al., 2023**]. Além disso, as qualidades moleculares que dependem da densidade eletrónica, tais como a eletronegatividade, a electrofilicidade e a dureza química, mostram que todos os complexos metálicos têm valores mais elevados do que o ligando livre [**Parr et al., 1978; Parr et al., 1983; Koopmans et al., 1993; Parr et al., 1999; Chattaraj et al., 2006; Lesar et al., 2009**]. Assim, propôs-se que os complexos metálicos tivessem uma atividade elevada do que o ligando livre. Isto deve-se ao facto de terem valores mais elevados de eletronegatividade e electrofilicidade do que o ligando livre. Mais especificamente, o complexo BSGPd tem a maior electrofilicidade e eletronegatividade, (**Tabela 13**). Assim, o complexo BSGPd foi proposto como tendo a maior reatividade. Além disso, o grau de dureza de uma substância, bem como o seu grau de suavidade, pode ter um efeito sobre o grau da sua reatividade química [**Drago et al., 1973**]. Uma aproximação que é conhecida como o modelo duro-suave-ácido-base (HSAB) tem o potencial de ser usado para compreender a sua reatividade. Trata-se apenas de uma estimativa grosseira, mas parece que os ácidos fracos se coordenam com as bases fracas, enquanto os ácidos fortes interagem com as bases fortes. Devido ao facto de os componentes biológicos, como as células e as enzimas, terem estruturas moles, os sistemas biológicos interagem mais favoravelmente com quelatos moles. Isto deve-se ao facto de as estruturas moles serem mais semelhantes às estruturas dos componentes biológicos. Por exemplo, o nível de atividade biológica dos quelatos melhorará proporcionalmente à natureza mais macia da substância. Assim, o complexo BSGPd propôs ter a maior atividade devido à sua maior suavidade e menor dureza, (**Tabela 13**). O facto de o potencial químico de cada composto ter um valor negativo sugeriu que todos os eventos de coordenação são do tipo espontâneo [**Tyagi et al., 2015**]

4.1.13.1.3 Otimização da fase gasosa

Com base na Teoria do Funcional da Densidade, método DFT, os ângulos totais em torno do centro de Pd no complexo BSGPd não são 360°, indicando uma geometria quadrada planar distorcida (**Figura 39**). Este facto está de acordo com o cálculo do índice geométrico para o complexo de Pd coordenado por O15O19N3N7 τ_4 (Eq.) [**Yang et al., 2007; Said et al., 2020**]. O índice t_4 para a tetra-coordenação vai de 0 para uma geometria quadrada plana perfeita a 1,0 para uma geometria tetraédrica perfeita. O índice τ_4 para o BSGPd é τ_4 =360-(109.22+165.33.6)/141= 7.2/141= 0.61, indicando uma geometria plana quadrada altamente distorcida mais próxima de uma estrutura tetraédrica [**Yang et al., 2007**].

$$\tau_4 = (360 - (\alpha + \beta)) / 141$$

4.1.13.1.4 Potencial eletrostático molecular (MEP)

Por outro lado, os complexos BSGFe e BSGNi apresentam uma estrutura octaédrica regular, (**Figura 40, 41**). As ligações M-N médias calculadas para os complexos BSGFe, BSGNi e BSGPd são de 2,1072 A, o que é superior às ligações Fe-N estimadas semelhantes, com uma média de 2,02 A [**Kaneko et al., 2015**]. Em outro relatório, a distância média Fe-N para o pirrol é de 2,00 A e 2,05 A Fe-N com ligante imidazol [**Rich et al., 1998**]. A distância média Fe-O no BSGFe é de 1,9655 A, dentro da média de 1,77-2,29 A registada para estruturas octaédricas [**Woolery et al., 1985**]. A distância média da ligação Pd-O no BSGPd é de 2,157, ligeiramente superior à distância média da ligação Pd-O registada, 2,074(6) A [**Gasanov et al., 2002**]. As distâncias médias de ligação Ni-N e Ni-O para BSGNi são 2,081 e 2,1325 A, respetivamente, (**Figura 36**). Dados semelhantes sobre a média das distâncias Ni-O, Ni-N da ligação trigonal e Ni-N da ligação tetraédrica foram registados como 2,037, 2,044 e 2,128 A, respetivamente, [**Richardson et al., 1974**]. Os dois aniões acetato estão igualmente ligados ao centro de Pd(II) de um lado; o outro oxigénio está a uma distância de 3,074 A do átomo de Pd, excluindo a possibilidade de o anião acetato atuar como um ligando bidentado [**Liao et al., 2001**]. Foi utilizado um método assistido por computador, DFT, com um conjunto de bases LANL2DZ para os átomos de Fe, Pd e Ni, implementado no Gaussian09. As estruturas com geometria optimizada foram calculadas, de modo que as estruturas de menor energia possível foram alcançadas para BSG, BSGFe, BSGPd e BSGNi, (**Figura 40**) [**Hay et al., 1985 a, b; Dunning et al., 1989; Frisch et al., 2009**]. Os locais ricos em electrões e deficientes em electrões para todos os complexos foram calculados e o MEP foi previsto utilizando os mesmos conjuntos de bases. As regiões de potencial eletrostático positivo e eletrostático negativo estão codificadas por cores. A cor azul do MEP está associada à reatividade nucleofílica e a cor vermelha está associada à reatividade electrofílica, (**Figura 40**).

4.1.13.1.5 Análise de superfície de Hirshfeld (HSA)

A fim de identificar o layout supramolecular do ligante BSG neste estudo, a HSA foi aplicada para lançar luz, principalmente na figura tridimensional do contato próximo da molécula [**Mohamed et al., 2011; Turner et al., 2017**]. Os contatos em BSG foram obtidos usando o arquivo CIF baixado do site do CCDC (https://www.ccdc.cam.ac.uk/structures/?). Estão codificados por cores; a cor azul sugere contactos de baixa intensidade, e a cor vermelha sugere contactos de alta intensidade, que são apresentados num gráfico de impressões digitais, (**Figura 42**) (A e B), [**Alsafi et al., 2020**]. É dada mais informação sobre os contactos na molécula utilizando de e que são a distância interna mais próxima *di,* distâncias dos átomos mais próximos fora da superfície de Hirshfeld e dentro, *de.* A combinação de *de* e *di* é mostrada no gráfico de impressões digitais, (**Figura 42**) (C). As interações intermodulares estabelecidas (All.H 67,0%, II...II 37,5%, C...H 26,9%, N...C 15,8%) estabilizam o empacotamento molecular. Os gráficos de impressões digitais mostram, sem dúvida, que os contactos H.H têm um valor elevado das interações nas camadas BSG (37,5%), com um total de di + de 1,3 A, (**Figura 42**) (C). As interações H...C mostram uma quantidade menor mas boa de interações (26,9%). Os contactos H.N apresentam interações significativas (15,8%), [**Alsafi et al., 2020; Spackman et al., 2021**].

4.1.14 Orientação estrutural

4.1.14.1 Cálculos das orbitais moleculares do ligando BSI e dos seus complexos

4.1.14.1.1 As estruturas tridimensionais do ligando BSI e dos seus complexos

A abordagem DFT foi implementada utilizando o método B3LYP [**Becke et al., 1973; Lee et al., 1988; Becke et al., 1988**] com os conjuntos de bases LanL2dz [**Hay et al., 1985; Wadt et al., 1985**] e 6-311G(d,p) [**McLean et al., 1980; Raghavachari et al., 1980**], para o ião metálico e os átomos (C,H,N e S), respetivamente [**Shokr et al., 2022].** Este estudo foi utilizado para otimizar as geometrias do ligando BSI e dos seus complexos de Fe(III), Ni(II) e Pd(II), a fim de obter as suas caraterísticas comparativas e confirmar o modo de ligação do ligando BSI. A interação entre o ligando BSI e os complexos de Fe(III), Ni(II) e

Os iões Pd(II) podem ser estudados através da aplicação da DFT. As estruturas otimizadas para o ligante BSI e seus complexos de Fe(III), Ni(II) e Pd(II) foram mostradas na **(Figura 43).**A melhor geometria obtida para o ligante BSI aponta para as posições perfeitas dos sítios de coordenação (N 9 e N 15). Além disso, a geometria dos complexos apresentou comprimentos de ligação normais, e as ligações não sofrem nenhuma tensão desfavorável, **(Figura 43).**Isso enfatiza o modo de coordenação proposto a partir de análises práticas. Levando em consideração os ângulos de ligação, é óbvio que os complexos de Pd(II) formaram geometria quadrada planar distorcida como [BSIPd]. Para confirmação adicional, o grau de distorção numa geometria de quatro coordenadas (τ_4) foi calculado [**McLean et al., 1980**]. O grau de distorção, τ_4 = 1 e 0 para geometrias tetraédricas perfeitas e quadradas planas, respetivamente. O complexo de Pd(II) tinha^{T4} = 0,18, que foi adotado com geometria quadrada planar. Enquanto que a otimização dos complexos de Fe(III) e Ni(II) deu origem a geometrias octaédricas como $[Fe(BSI)(NO_3)_2]^+$ e $[Ni(BSI)(NO_3)]$, **(Figura 43).**

4.1.14.1.2 Espectros de absorção eletrónica do ligando SEM BSI e dos seus complexos bsife, bsiNi, BSIPd

Os espectros de absorção eletrónica do ligando sem BSI e dos seus complexos BSIFe, BSINi e BSIPd são calculados na fase gasosa utilizando cálculos TD-DFT e CAM-B3LYP, como se mostra na (**Figura 44**). A energia de excitação eletrónica calculada (E), a força de oscilação (*f*), o comprimento de onda de absorção (nm) e as transições electrónicas com as respectivas contribuições são apresentados na (**Tabela 14**). Como se pode ver na (**Figura 44**) e na (**Tabela 14**), os espectros de absorção mostram a presença de um pico. Para o ligando sem BSI, o pico de absorção é observado em torno de 294 nm. Este pico é atribuído à transição HOMO-1>LUMO (65%). Por outro lado, para os complexos BSI-Fe, BSINi e BSIPd, o pico de absorção é observado a 390, 375 e 385 nm, respetivamente. Isto corresponde à forma de tradução HOMO>LUMO +2 (70 %), HOMO>LUMO +1 (55 %), e HOMO-2>LUMO (67 %), para os complexos BSIFe, BSINi, BSIPd, respetivamente (**Figura 44**) e (**Tabela 14**).

4.1.14.1.3 HOMO-LUMO e parâmetros de reatividade

Os padrões HOMO e LUMO do ligando BSI e dos seus complexos de Fe(III), Ni(II) e Pd(II) foram estimados na **(Figura 45)**. As imagens de fronteira (HOMO e LUMO) para todos os compostos (ligando e complexos) apareceram como uma nuvem extensa e homogénea prolongada sobre a molécula. Foram extraídos parâmetros computacionais significativos das energias HOMO-LUMO, (**Tabela 15**) para discriminar entre eles no que respeita à sua eficiência catalítica. Os orbitais de energia HOMO, HOMO-1, LUMO e LUMO+1 e as suas lacunas de energia entre os diferentes orbitais foram determinados por DFT com base em CAM-B3LYP, (**Tabela 15**). No entanto, (**Tabela 15**) revela diferenças nas suas energias HOMO - LUMO e HOMO-1 - LUMO+1, o que pode indicar uma variação na sua atividade catalítica. A compreensão destas diferenças é crucial para a conceção de catalisadores eficientes para várias reacções químicas. O intervalo de energia calculado no HOMO e no LUMO do BSI, BSIFe, BSINi e BSIPd foi de 4,21, 2,85, 3,06 e 2,82 eV, embora para o HOMO-1 e o LUMO+1 tenha sido de 5,10, 3,96, 4,11 e 4,05 eV, respetivamente, como indicado na (**Tabela 15**). Alguns parâmetros funcionais, gap de energia *(*ДЕ), eletrofilicidade (w), potencial químico (CP), dureza global (n), suavidade global (s) e eletronegatividade (x), com base nas energias HOMO-LUMO foram calculados [**Elkanzi et al., 2022 a**; **Elkanzi et al., 2023**] (**Tabela 15**).

Em primeiro lugar, foi observado um menor intervalo de energia (*AE*) para todos os complexos, em comparação com o do ligando BSI livre correspondente (**Tabela 15**). Os valores foram classificados como ligando livre > complexo de Ni(II) > complexo de Fe(III) > complexo de Pd(II). O menor intervalo de energia (*AE*) dos complexos, particularmente para o complexo BSIPd, indica a facilidade das transições electrónicas e a baixa barreira de energia de ativação, que são preferidas numa aplicação catalítica [**Alghuwainem et al., 2023**]. O aumento dos valores de eletrofilicidade *(*ю) e eletronegatividade (x) dos complexos do que o ligante livre apontam para a capacidade dos complexos metálicos de capturar elétrons do ambiente [**Alghuwainem et al., 2022**]. Os valores registados são: complexo de Pd(II) > complexo de Ni(II) > complexo de Fe(III) > ligando livre. O elevado valor de electrofilicidade do complexo BSIPd denota a sua suscetibilidade para adquirir electrões de qualquer espécie doadora [**Hrichi et al., 2022**]. Esta capacidade depende da configuração eletrónica insaturada do ião Pd (16 e^-), que impulsiona a coordenação extra para atingir a saturação (18 e^-) [**El-Remaily et al., 2021a**]

4.1.14.1.4 Potencial eletrostático molecular (MEP)

O MEP é entendido como a densidade eletrónica e pode ser considerado como um detetor excecionalmente útil para determinar a posição das reacções electrofílicas e nucleofílicas [**Arafath et al., 2023**]. Os gráficos 3D de MEP foram esticados para o ligante livre, bem como seus complexos, **(Figura 46)**, portanto, a região azul indica a área mais pobre em elétrons que prefere o ataque nucleofílico, enquanto a região vermelha indica a região mais rica em elétrons que prefere o ataque eletrofílico [**Hossain et al., 2022**]. Sempre que, a região moderada (verde) indica uma área eletrostática neutra. A propriedade nucleofílica de N 9 e N 15 foi claramente notada e principalmente melhorada nos complexos devido à transferência de carga Metal ^ Ligante.

4.1.15 Orientação estrutural

4.1.15.1 Cálculos das orbitais moleculares do ligando BSP e dos seus complexos

4.1.15.1.1 Estudos DFT para prever e analisar as localizações ricas em electrões e deficientes em electrões para bspfe, bspNi e bsppd

Os complexos **bspfe** e **bspNi** apresentam uma estrutura octaédrica distorcida, (**Figura 47)** e (**Figura 48)**. A média calculada das ligações Ni-N para **BSPNi** é de 2,077 A, quase a mesma relatada anteriormente para Ni-N de distâncias trigonais e Ni-N de distâncias tetraédricas; 2,044 e 2,128 A, respetivamente **[Russell et al., 2020]**. A distância média das ligações Fe-N no **BSPFe** é de 2,087 A, enquanto a distância média Fe-N com pirrol é de 2,00 A e 2,05 A Fe-N com ligante imidazol **[Cantini et al., (2020)]**. A média de Fe-O no BSPFe é de 1,948 A, que está dentro da média relatada, 1,77-2,29 A para estruturas octaédricas [**Pasin et al., 2021**]. A distância média da ligação Pd-O no **BSPPd** é 2,135, que é um pouco maior do que a distância média da ligação Pd-O relatada, 2,074 A **[Cavalli et al., 2020]**. Outro relatório sobre o cálculo da média das ligações Ni-O é aquele em que os dois aniões de acetato estão igualmente ligados ao centro de Pd(II) de um lado. O outro oxigénio do mesmo acetato está a uma distância de 3,074 A do centro metálico (átomo de Pd), pondo fim à possibilidade de o anião acetato atuar como um ligando bidentado **[Liao et al., 2001]**. Gaussian09 com o conjunto de bases LANL2DZ para os átomos de Fe, Pd e Ni, DFT, um método assistido por computador utilizado para calcular estruturas com geometria optimizada para obter as estruturas de menor energia possível para **BSP**, **bspfe, bsppd** e **bspNi, (Figura 47)** e **(Figura 48) [Fischer et al., 2006; modelo de lista de medicamentos essenciais da OMS 2021; Genebra OMS 2021; Chadha et al., 2018; Indapamide et al., 2021]**

Foram calculadas as áreas com deficiência e riqueza em electrões de todos os compostos, e o MEP foi previsto utilizando um código de cores para indicar as regiões de potencial eletrostático negativo e positivo. A cor vermelha está associada à reatividade electrofílica, enquanto a cor azul do MEP está associada à reatividade nucleofílica, **(Figura 47)** e **(Figura 48)**. Além disso, o mapa de contornos do potencial eletrostático molecular (MEP) fornece informações sobre o local reativo da molécula em reacções nucleofílicas e electrofílicas. **(Figura 47) e (Figura 48)** mostram o mapa de contorno MEP simulado das moléculas **BSP**, **bspfe, bspNi** e **BSPPd**. As energias do orbital molecular menos ocupado (LUMO) e do orbital molecular mais ocupado (HOMO) foram calculadas para **BSPFe**, **BSPPd** e **BSGNi**, **(Figura 47)** e **(Figura 48)**. As energias *JE* computadas do LUMO e HOMO são -0,0670, -0,02445, e -0,1085 eV, respetivamente. No LUMO e HOMO, as partes concentradas estão espalhadas pelos complexos. A concentração no LUMO e no HOMO é menos intensa em torno do átomo metálico central em todos os complexos. A energia HOMO mais elevada manifesta o excelente dador de electrões da molécula. A energia LUMO simboliza a capacidade de uma molécula para receber electrões **[Hashim et al., 2013]**. O mapa de contorno do potencial eletrostático molecular foi estudado para prever o local reativo das moléculas.

4.1.15.1.2 Análise de superfície de Hirshfeld (HSA)

Na **(Figura 49)**, são apresentados os gráficos de impressões digitais 2D das principais interações das moléculas. As contribuições das interações H...H, N---H / H---N, S'II / I I S e ('---H / H---C para a superfície de Hirshfeld são 37,5%, 13,4%, 8,8% e 19,4%, respetivamente. Estas interações intermoleculares permitem a estabilidade do empacotamento molecular. Estas interações ligam o ligando **BSP** em camadas no empacotamento da estrutura cristalina. Algumas interações importantes podem ser vistas na **(Figura 49) (A)**. Os contactos na **BSP** foram calculados utilizando o ficheiro CIF descarregado do sítio CCDC (https://www.ccdc.cam.ac.uk/structures/?).

4.2 Atividade catalítica dos complexos investigados

4.2.1 Atividade catalítica para a síntese do derivado 4a-i da 7-amino-4,5-di-hidro-tetrazolo[1,5- *a*]pirimidina-6-carbonitrilo

O complexo de ferro foi selecionado para desempenhar esse papel catalítico com base na sua história, bem como nas suas caraterísticas promissoras ilustradas anteriormente. A síntese do **derivado de 7-amino -4,5- dihidro-tetrazolo [1,5-*a*] pirimidina-6-carbonitrilo** em condições catalíticas homogéneas é o objetivo de aplicação deste estudo, utilizando BSIFe.

Neste contexto, a reação de condensação fácil de um pote e de três componentes do aldeído aromático **1a-i** (1 mmol), 5- aminotetrazol **2** (1 mmol) e malononitrilo (1 mmol) **3**, foi designada como uma reação modelo. Através das presentes experiências, procedeu-se ao estudo sistemático da reação de condensação, da influência da dose catalítica, do solvente de reação e de diferentes catalisadores ácidos ou básicos de Lewis na atividade catalítica. A reação demora muito tempo a terminar sem o catalisador. A adição de BSIFe melhora o rendimento do produto e acelera o tempo de reação. Assim, uma série de aldeídos aromáticos submetidos a reacções de substituição electrofílica foram sintetizados com sucesso na presença de BSIFe como catalisador **(Esquema 10).**

Ar–CHO + NC–CH₂–CN + H₂N-tetrazol → Fe Catalyst (10 mol%), aqueous medium, 15-30 min → **4a-i**

1a-i 2 3 4a-i

4.2.1.1 Efeito da carga do catalisador

A relação entre as dosagens de catalisador e os rendimentos dos produtos é apresentada na **Tabela 16**. Em particular, a carga do catalisador de 4 a 10 mol%, melhorou o rendimento do produto de 16 a 97%. O aumento da quantidade de catalisador BSIFe melhora o rendimento do produto, o que pode referir-se ao aumento do número de sítios activos disponíveis. Isto levará a que a superfície do catalisador entre em contacto direto com os três reagentes e facilite a sua colisão para iniciar a reação. Notavelmente, o aumento adicional do catalisador carregado de 10 mol% para 11 mol%, não afectou significativamente o rendimento ou o tempo de reação **(Tabela 16).** Assim, 10mol % de catalisador é a quantidade óptima necessária do catalisador.

4.2.1.2 Efeito dos solventes

O tipo específico de solvente utilizado durante os procedimentos de síntese tem um impacto significativo no potencial catalítico do complexo BSIFe. Para sintetizar derivados de 7-amino-4,5-dihidro-tetrazolo [1,5-*a*] pirimidina-6-carbonitrilo catalisados por BSIFe, os efeitos de vários solventes, incluindo acetona, triclorometano, CH_3CN e DMF (N,N-dimetilformamida), foram examinados e resumidos na (**Tabela 17**). Os resultados demonstram que o tipo de solvente tem um impacto importante na síntese, demonstrando que os solventes próticos polares (MeOH, EtOH, AcOH, H_2O e EtOH / H_2O) superam largamente os solventes apróticos ($CHCl_3$, DMF, CH_3CN, THF e DCM). Enquanto o etanol / H_2O (1:3) forneceu a quantidade máxima de produto (**Tabela 17**) (97% catalisado por BSIFe), enquanto EtOH e H_2O são solventes eficientes (93% e 90% catalisados por BSIFe. Nos outros solventes (DMF e THF), os rendimentos dos produtos foram baixos tanto para a síntese como para os catalisadores (**Tabela 17**). Esta mistura etanol / H_2O (1: 3) foi preferida porque é verde, segura, barata e nos dá o maior rendimento em comparação com solventes orgânicos [**El-Remaily et al., 2019**].

4.2.1.3 Efeito de vários catalisadores de ácidos e bases de Lewis

A reação do aldeído aromático **1a** (1 mmol), do 5-aminotetrazol **2** (1 mmol) e do malononitrilo (1 mmol) **3** na ausência do catalisador, nas mesmas condições, não obteve qualquer produto (**Tabela 18, entrada 1**). Examinámos a influência de uma variedade de ácidos de Lewis diferentes, nas condições de reação selecionadas. Os resultados são apresentados na (**Tabela 18, entrada 2-12**). É digno de nota que o catalisador BSIFe solúvel em ferro teve um desempenho muito melhor em comparação com todos os outros ácidos de Lewis estáveis em água investigados. O BSIFe foi considerado o catalisador mais eficaz e produziu o produto desejado **4a** com um rendimento de 97% (**Tabela 18, entrada 15**).

4.2.1.4 Reciclagem do catalisador BSIFe

A reutilização do catalisador foi estudada cinco vezes para a síntese do composto **4a** e registou-se uma perda significativa de catalisador durante o processo de recuperação. Além disso, não foi observada qualquer perda significativa da atividade catalítica (**Figura 50**). Foi utilizado diretamente por várias vezes 5th vezes noutras reacções recentes em condições semelhantes sem perda de eficiência. No entanto, quando tentámos as reacções seguintes (6 e 7), observou-se uma baixa atividade catalítica nas mesmas condições.

4.2.1.5 Mecanismo plausível para a síntese de derivados de 7-amino-4,5-dihidro-tetrazolo [1,*5-a*] pirimidina-6-carbonitrilo

Utilizando uma interação de três componentes num único local com aldeídos aromáticos, 5-aminotetrazol e malononitrilo (**Esquema 11**), foi demonstrado o processo proposto para a síntese de derivados de 7-amino-4,5-dihidro-tetrazolo [1,*5-a*] pirimidina-6-carbonitrilo. O processo hipotético envolve quatro fases principais baseadas na literatura: Tautomerização, ciclização intramolecular, adição de Michael e condensação de Knoevenagel. O aldeído e o (NH_2) do aminotetrazol combinam-se através de uma condensação de Knoevenagel catalisada para formar a molécula **(A).** Como se pode observar, forma-se uma ligação dupla quando o catalisador híbrido BSIFe ativa os grupos C=O no aldeído **(1)** e no (NH_2) do aminotetrazol. O malononitrilo **(3)** ataca então este intermediário **(A)** para formar o intermediário **(B)**, atacando a ligação dupla com CH_2. Além disso, a adição intramolecular de Michael entre os grupos NH e CN do intermediário **(B)** leva à formação de um intermediário **(C),** que é convertido por isomerização num produto final 4a [**Ablajan et al., 2012**].

4.2.2 Atividade catalítica para a síntese do derivado 5-amino-2-oxo-3,7-di-hidro-2H-pirano[2,*3-d*]tiazol-6-carbonitrilo 8a-k

A atividade catalítica do complexo BSIPd de Pd(II) revela a sua eficácia como uma produção de um só lote ambientalmente simples, utilizando um catalisador amigável de compostos sintéticos. 5-amino-2-oxo-3,7-di-hidro-2H-pirano [2,*3-d*] tiazol-6-carbonitrilo. A este respeito, foi selecionada como reação modelo uma reação catalítica única e multicomponente num único recipiente de aldeído aromático **5a-k** (1 mmol), 2,4ia-zolidenediona **6** (1 mmol) e malononitrilo **7** (1 mmol). O processo de condensação foi observado em função de variáveis significativas, incluindo a quantidade de catalisador no rendimento, o solvente utilizado, o tempo e diferentes catalisadores ácidos e básicos de Lewis na atividade catalítica, na tentativa de estabelecer as melhores condições de reação. Sem o catalisador, a reação de condensação demorou muito tempo a ser concluída. Como se mostra no **Esquema 12**, a inclusão do complexo BSIPd aumenta o rendimento do produto e diminui o tempo de reação. Uma série de aldeídos aromáticos submetidos a reacções de substituição electrofílica são sintetizados com sucesso em excelentes rendimentos, conforme ilustrado no **(Esquema 12**). **[Liangliang et al., 2016; Abusetta.,** 2020; Abd El-Mawgoud et al., 2019; El-Remaily et al., 2019 a; El-Remaily et al., 2021 a-c; El-Remaily et al., 2023 a].

5a-k + 6 + 7 —Pd Catalyst (10 mol%), aqueous medium, 15-30 min→ 8a-k

4.2.2.1 Efeito da carga do catalisador

A relação que existe entre as concentrações de catalisador e os rendimentos resultantes é evidente na (**Tabela 19**). Por exemplo, o rendimento do produto melhorou de 15% para 98% quando a percentagem de catalisador foi aumentada de 3 para 10 mol%. (O aumento do número de sítios activos potencialmente acessíveis, bem como a maior possibilidade de contacto e colisão entre as moléculas dos materiais de base e a superfície do BSIPd, podem ser utilizados para descrever a melhoria do rendimento resultante da adição de mais BSIPd. Notavelmente, o aumento adicional da quantidade de catalisador de 10 mol% para 11 mol%, os rendimentos e os tempos de reação não se alteraram significativamente. Por conseguinte, 10 mol% de catalisador foi a quantidade óptima utilizada (**Tabela 19**).

4.2.2.2 Efeito dos solventes

Posteriormente, procedemos à modificação do método modelo acima mencionado, avaliando a potência de alguns solventes convencionais amplamente utilizados como meio de comparação, a fim de simplificar o procedimento (**Tabela 20**). Para avaliar a contribuição dos solventes, foi utilizado o processo modelo do aldeído aromático **5a,** da 2,4 tiazolideinediona **6** e do malononitrilo **7**. (**Tabela 20**) mostra que um solvente polar prótico (MeOH, EtOH, AcOH e H_2O) supera significativamente os solventes apróticos (DCM, DMF, THF, CH_3CN e $CHCl_3$). Os resultados da investigação parecem indicar que a solubilidade do catalisador e do reagente em líquidos polares é significativamente melhor. De acordo com a (**Tabela 20**), esta reação numa mistura de solventes (H_2O e C_2H_5OH (v/v) (3/1)) é claramente a abordagem mais adequada para a síntese do 5-amino-2-oxo-3,7-di-hidro-2H-pirano[2,*3-d*]tiazol-6-carbonitrilo **8a, uma** vez que progrediu rapidamente e produziu o rendimento máximo. Em comparação com os solventes orgânicos, os investigadores recomendaram esta combinação, uma vez que é amiga do ambiente, segura e pouco dispendiosa.

4.2.2.3 Efeito de vários catalisadores de ácidos e bases de Lewis

Recentemente, os complexos de Pd(II) foram alvo de grande atenção como catalisadores de ácidos de Lewis suaves, básicos ou líquidos iónicos para muitas reacções de transformação orgânica. Na reação do aldeído aromático **5a**, da 2,4-tiazolidenediona **6** e do malononitrilo **7**, nas mesmas condições mas sem catalisador, apenas se obteve vestígios de produto (**Tabela 21, entrada 1**). Testámos ácidos de Lewis variáveis, catalisadores básicos ou líquidos iónicos, para diferenciar a sua eficácia. Ao utilizar catalisadores de ácidos de Bronsted ou de Lewis, tais como $MgCl_2$, $PdCl_2$, $AlCl_3$, $Pd(OAc)_2$, $Fe(OTf)_3$, TBABrc, $FeCl_3.6H_2O$, $ZnBr_2$, $CuCl_2$, $TiCl_4$ e p-TsOH, o rendimento do produto em cada caso é muito baixo (**Tabela 21, entrada 2-13**). Enquanto que, usando BSINi, BSIFe e BSIPd, BSIPd foi o catalisador mais eficiente (**Tabela 21, entradas 22-24**), e produziu o componente necessário **8a** com um rendimento de 98% (**Tabela 21, entrada 24**). Conforme indicado na (**Tabela 21, entradas 14-21**), a capacidade catalítica do complexo BSIPd foi avaliada em relação a vários catalisadores previamente registados. No que diz respeito aos tempos de reação, solvente e rendimento do produto, o trabalho atual superou os promotores anteriores.

4.2.2.4 Reciclagem do catalisador

A recuperação e reutilização de catalisadores foi um tema importante na catálise. Como resultado, os catalisadores podem ser utilizados num maior número de ciclos catalíticos, tornando-os mais comerciais para a catálise industrial. Em consequência, a reação modelo planeada (aldeídos aromáticos **5a**, 2,4 tiazolidinediona **6**, malononitrilo **7** e H_2O/etanol como solvente, 15 min) teve um bom desempenho até seis ciclos catalíticos com uma perda de rendimento insignificante para a síntese do composto **8a** (**Figura 51**). Considerando que quando tentamos outras execuções (7-8) de acordo com condições semelhantes, a atividade catalítica foi baixa [**El-Remaily et al., 2014; El-Remaily et al., 2015 a, b; El-Remaily et al., 2019; El-Remaily et al., 2023 a**].

4.2.2.5 Mecanismo esperado para o comportamento catalítico na síntese de derivados de 5-amino-2-oxo-3,7-di-hidro-2H-pirano[2,*3-d*]tiazol-6-carbonitrilo

Para o envolvimento do BSIPd na catalisação da síntese de derivados de 5-amino-2-oxo-3,7-

dihidro-2H-pirano[2,*3-d*]tiazol-6-carbonitrilo, sugerimos o seguinte mecanismo potencial para o processo sintético (**Esquema 13**). Com a ajuda da protonação do grupo carbonilo, o BSIPd ativa em primeiro lugar a porção carbonilo do aldeído aromático, que serve de eletrófilo adequado. Em seguida, uma molécula de 2,4 tiazolidenediona reage com o aldeído ativado para formar o intermediário de Knoevenagel (condensação de aldol) **(A).** O grupo CH2 do malononitrilo ataca a ligação dupla para produzir o intermediário **(B).** Após o fecho do anel no intermediário (C), por reação do grupo ciano com o grupo OH, formam-se os derivados de um 5-amino-2-oxo-3,7-di-hidro-2H-pirano[2,*3-d*]tiazol-6-carbonitrilo. A literatura apoia o mecanismo hipotético. [**Zeynizadeh et al., 2019; El-Remaily et al., 2023 a**].

4.2.2.6 Bases teóricas para o comportamento catalítico do BSIPd

Tendo em conta as seguintes caraterísticas, estima-se o comportamento catalítico do complexo de Pd(II):

(a) O menor valor apreciado do intervalo de energia (AE) representa a capacidade dos electrões de valência e a menor energia necessária para ativar uma atividade catalítica.

(b) Os valores mais elevados de electrofilicidade *(*ю), e de eletronegatividade (x) revelam a propensão do complexo de Pd(II) para aceitar electrões de espécies dadoras.

(c) Como consequência da ligação extra-coordenada, o átomo central de um complexo contém uma camada de valência não preenchida (16 e^{-1}), o que significa a sua reatividade e instabilidade na receção de electrões para atingir a saturação (18 e^{-1} Em conclusão, uma análise computacional torna-se crucial para justificar o processo catalítico, que se baseia principalmente em teorias lógicas sobre a forma como as operações catalíticas tiveram lugar.

O desenvolvimento de cinco conformadores (A-E) ocorreu ao longo da rota de reação proposta. A estabilidade dos conformadores postulados e o potencial para a sua geração levaram à otimização destes conformadores utilizando a técnica DFT/B3LYP com a base LanL2dz e 6-311G(d,p) estabelecida para validar o potencial deste mecanismo, (**Esquema 14**). O catalisador complexo de pd(II) (*E* = -1635.07048 au) contém uma quantidade menor de energia, que é aumentada pela associação com os constituintes iniciais de benzaldeído e 2,4 tiazolidinediona (E = -1291.6896 au). Depois, outros rearranjos levaram à formação do Composto **A**, E= -847,28024 au. Depois disso, a interação com o malononitrilo (Composto **B**, E= -845,5596 au), e após rearranjo levou à formação do Composto **C**, E= -847,3142 au. Finalmente, a formação do composto **D** (E= -846.00108 au) que após ciclização levou à formação do composto **E** (E= - 846.7394836 au). Estes resultados demonstram como estão intimamente relacionados entre si em termos de estabilidade, o que apoia a rota mecanicista proposta.

4.2.3 Atividade catalítica para a síntese do derivado 12a-k da 4,8-di-hidro-7H-5-tia-1,2,3,3a,7,8-hexaaza-s-indacen-6-ona

O complexo BSPPd foi selecionado para desempenhar esse papel catalítico com base na sua história, bem como nas suas caraterísticas promissoras ilustradas anteriormente. A síntese de derivados de 4,8-di-hidro-7H-5-tia-1,2,3,3a,7,8-hexaaza-s-indacen-6-ona sob condições catalíticas heterogéneas é o objetivo de aplicabilidade neste estudo, utilizando BSPPd. Neste contexto, foram designadas como reacções modelo as reacções de condensação de um pote e de três componentes como o aldeído aromático **9a-k** (1 mmol), a 2,4 tiazolidinediona **10** (1 mmol) e o 5-aminotetrazol **11** (1 mmol). Através das presentes experiências, a reação de condensação procedida foi sistematicamente estudada quanto à influência da dose catalítica, do solvente de reação e de diferentes catalisadores ácidos ou básicos de Lewis, na atividade catalítica. Sem catalisador, o produto foi obtido num tempo de reação mais longo. Mas, na presença do catalisador BSPPd, o rendimento melhorou, parecendo excelente após um curto período de reação. Assim, uma série de aldeídos aromáticos sofre substituições electrofílicas

Pd Catalyst (10 mol%)
aqueous medium, 15-30 min

9a-k 10 11 12a-k

4.2.3.1 Efeito da carga do catalisador

A relação entre as dosagens de catalisador e os rendimentos do produto foi mostrada na (**Tabela 22**). Em particular, a carga de catalisador de 2 a 10 mol%, melhorou o rendimento do produto de 14 a 98%. O aumento da quantidade de catalisador BSPPd melhora o rendimento do produto, o que pode referir-se ao aumento do número de sítios activos disponíveis. Isto levará a que a superfície do catalisador entre em contacto direto com os três reagentes e facilite a sua colisão para iniciar a reação. Notavelmente, o aumento adicional do catalisador carregado de 10 mol% para 11 mol% não afectou significativamente o rendimento ou o tempo de reação **(Tabela 22).** Assim, 10 mol% de catalisador é a quantidade óptima necessária do catalisador.

4.2.3.2 Efeito dos solventes

Para demonstrar a eficácia do procedimento, é necessário detetar o efeito de vários solventes conhecidos que foram escolhidos como meio, para comparação (**Tabela 23**). O papel dos solventes foi avaliado com a reação modelo **12a** (i.e.). Como indicado na (**Tabela 23**), os solventes polares próticos (MeOH, EtOH, AcOH e H_2O) foram muito melhores do que os solventes apróticos (DCM, THF, CH_3CN e $CHCl_3$). Este resultado pode ser baseado na melhor solubilidade dos reagentes em solventes polares. Além disso, é óbvio que a reação conduzida sob mistura de solventes (água/etanol; v/v; 3/1), é a melhor escolha para a síntese do derivado 4,8-dihidro-7H-5-tia-1,2,3,3a,7,8-hexaaza-s-indacen-6-ona **12a**. Preferimos esta mistura porque é amiga do ambiente, segura e barata em comparação com os solventes orgânicos.

4.2.3.3 Estudo comparativo com outros catalisadores de ácidos e bases de Lewis

Nos últimos anos, os complexos de Pd(II) têm recebido uma atenção considerável como catalisadores suaves de ácido de Lewis e de base de Lewis para uma série de transformações orgânicas. A reação do aldeído aromático **9a** (1 mmol), da 2,4 tiazolidinediona **10** (1 mmol) e do 5-aminotetrazol **11** (1 mmol) foi ajustada nas mesmas condições, mas com catalisadores variáveis (**Tabela 24**). Foram testados vários tipos de ácidos de Lewis e bases de Lewis, tais como; $AlCl_3$, $MgCl_2$, $PdCl_2$, $Pd(OAc)_2$, $FeCl_3.6H_2O$, $Fe(OTf)_3$, $ZnBr_2$, $CuCl_2$, TiCl4 p-TsOH, em condições óptimas (**Tabela 24, entradas 2-15**). Enquanto que, utilizando catalisador básico e líquido iónico como Et3N, TBABr, ou [EMIM]Cl, o rendimento do produto foi ligeiramente melhorado do que no caso anterior (**Tabela 24, entradas 16-18**). Quando se testaram BSPPd, BSPNi e BSPPd (**Tabela 24, entradas 19-21**), o complexo BSPPd foi o catalisador mais eficaz e permitiu obter o produto desejado **12a** com um rendimento de 98% (**Tabela 24, entrada 21**).

4.2.3.4 Reciclagem do catalisador

O aspeto ecológico e económico deste protocolo sintético foi ainda estudado através da análise da possibilidade de reutilizar o catalisador nas próximas fases de síntese dos derivados. Para tal, o progresso da reação modelo em condições óptimas e na presença de BSPPd foi repetido seis vezes para a síntese do composto **12a**, tendo havido uma perda inevitável de catalisador durante o processo de recuperação. Os resultados resumidos (**Figura 52**) mostram que o catalisador foi reutilizado durante 6 ciclos consecutivos sem diminuição significativa da sua atividade. Mas quando tentámos outras execuções seguintes (7-8), foi dada uma baixa atividade catalítica nas mesmas condições [**El-Remaily et al., 2019 a, b; El-Remaily et al., 2023 a**].

4.2.3.5 Mecanismo de catálise sugerido

Propomos um mecanismo plausível para o procedimento catalítico heterogéneo para sintetizar o derivado 8-di-hidro -7H- 5-tia- 1,2,3,3a, 7,8 -hexaaza-s- indacen -6- um sob a influência do catalisador BSPPd em condições moderadas, como se mostra no (**Esquema 16**). O grupo carbonilo do aldeído aromático **9a**, que funciona como o eletrófilo adequado, é maioritariamente protonado pelo BSPPd. O aceitador de Michael a,B-insaturado (condensação de Knoevenagel) (**A**) está sendo produzido pela reação do aldeído ativado e uma molécula de 2,4 tiazolidinediona **10** [**Boureghda et al., 2021**]. Ao adicionar 5- aminotetrazol **11** nucleofilicamente em (**A**), foi criado o intermediário (**B**). Finalmente, a adição nucleofílica intramolecular do grupo NH2 (enamina) (**B**) ao grupo C=O resulta no composto (**C**), que se converteu no produto alvo **12a** após a libertação de uma molécula de H2O [**El-Remaily et al., 2015 a, b**].

4.2.4 Atividade catalítica para a síntese do derivado 6-piperidina-1-il-4,8-di-hidro-5-tia-1,2,3,3a,7,8-hexaaza-s-indaceno 17a-k

A avaliação da função catalítica do complexo BSGPd foi efectuada no âmbito da síntese de derivados de 6-piperidina-1-il-4,8-dihidro-5-tia-1,2,3,3a,7,8-hexaaza- s-indaceno. Neste sentido, foi implementado um procedimento simples de um pote com quatro componentes de aldeído aromático **13a-k** (1mmol), rodanina **14** (1mmol), pipredina **15** (1mmol) e 5-aminotetrazol **16** (1mmol) como reação modelo para o processo. Durante as avaliações actuais, foi efectuado o estudo sistemático da dosagem do catalisador, do solvente de reação e dos efeitos dos vários catalisadores de ácido de Lewis activos no aumento da reação. Na ausência do catalisador BSGPd, foi necessário mais tempo para que o traço do produto fosse notado. No entanto, os complexos de Pd(II), um catalisador que parecia excelente após um breve tempo de reação, aumentaram o rendimento na presença da reação. O rendimento dos produtos aumentou quando o complexo de Pd(II) estava presente, como se mostra no (**Esquema 17**). Uma série de aldeídos aromáticos submetidos a reacções de substituição electrofílica são sintetizados com sucesso em excelentes rendimentos, como ilustrado no (**Esquema 17**).

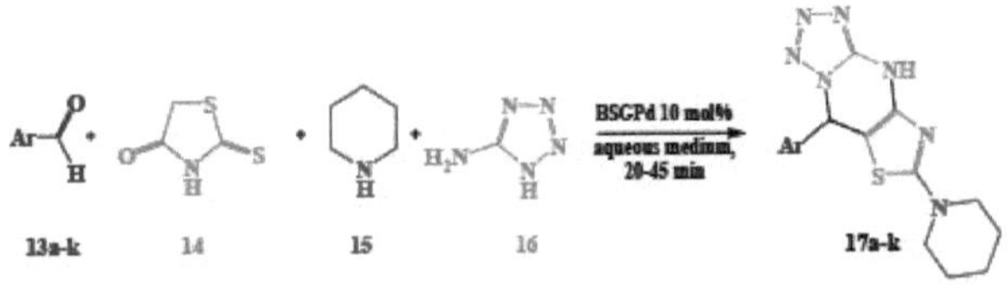

4.2.4.1 Efeito da carga do catalisador

(**Tabela 25**) ilustra a relação entre a quantidade de catalisador e a eficiência do produto. O aumento da concentração do catalisador entre 2 e 10 mol% aumentou o rendimento do resultado final de 12 para 98% (**Tabela 25**). As seguintes considerações podem ser utilizadas para apoiar o aumento da quantidade de catalisador do complexo BSGPd para aumentar o rendimento:

(i) A disponibilidade de sítios acessíveis permite que o átomo de Pd interaja com os reagentes para gerar um intermediário com cinco coordenadas;

(ii) Aumentar a quantidade de catalisador aumenta a área de superfície que interage com os reagentes e facilita a colisão entre eles.

Além disso, quando o catalisador fornecido foi aumentado entre 10 e 11 mol%, as quantidades produzidas e a duração da reação não variaram consideravelmente (**Tabela 25**). Por conseguinte, 10 mol% é a quantidade ideal de catalisador necessária.

4.2.4.2 Efeito dos solventes

Com base na informação fornecida, parece que a escolha do solvente é crucial no processo catalítico para a síntese do derivado 6-piperidin-1-il-4,8-dihidro-5-tia-1,2,3,3a,7,8-hexaaza-s-indaceno **17a** catalisada por BSGPd. Os solventes próticos polares, como o etanol, o metanol e a água, parecem ser os solventes mais eficazes, resultando em rendimentos elevados do produto desejado. Por outro lado, os solventes apróticos como o tolueno, acetonitrilo, DMF e DCM resultaram em rendimentos mais baixos. O estudo concluiu que os melhores resultados foram obtidos utilizando uma mistura de etanol e água numa proporção de (1:3) como solvente para a reação catalítica (**Tabela 26**). Este resultado sugere que a presença de um solvente polar prótico, como o etanol, em combinação com a água, aumenta a atividade catalítica do complexo BSGPd na síntese do derivado 6- piperidina-1-il-4,8-di-hidro-5-tia-1,2,3,3a,7,8-hexaaza-s-indaceno **17a.** Esta informação poderá ser útil para otimizar as condições de reação para a síntese deste composto em estudos futuros.

4.2.4.3 Efeito de vários catalisadores ácidos de Lewis, básicos ou líquidos iónicos

Os complexos de Pd(II) emergiram como catalisadores versáteis e poderosos em química orgânica devido à sua capacidade de ativar uma vasta gama de moléculas orgânicas e promover várias transformações químicas. Foi demonstrado que estes complexos funcionam como ácidos de Lewis suaves. A reação do aldeído aromático **13a**, da rodanina **14**, da pipredina **15** e do 5-aminotetrazol **16** modificou-se sob vários catalisadores nas mesmas circunstâncias (Tabela 27). Foram testados ácidos de Lewis e bases de Lewis distintos, tais como PTSA, MnO_2, $PdCl_2$, $Pd(OAc)_2$, $FeCl_3.6H_2O$, $Fe(OTf)_3$, $CuCl_2$, $TiCl_4$, p-TsOH, [EMIM]Cl e TBABr, em condições óptimas. Quando testados BSGPd, BSGFe, BSGNi, (**Tabela 27, Entradas 16-18**), De acordo com a informação fornecida, BSGPd foi capaz de catalisar a reação para obter o produto desejado **17a** num rendimento de 98%, o que é um rendimento muito elevado. (**Tabela 27, Entrada 18**). Este resultado sugere que o complexo BSGPd é um catalisador altamente eficiente para esta reação em particular, e pode ser útil na síntese de outros compostos relacionados também. O elevado rendimento do produto desejado também indica que as condições de reação foram bem optimizadas e que a utilização do complexo BSGPd como catalisador foi particularmente eficaz na promoção da reação.

4.2.4.4 Reciclagem do catalisador

A perspetiva de reutilizar o catalisador BSGPd recuperado em ciclos de síntese consecutivos foi explorada com o objetivo de aprender mais sobre as caraterísticas ambientalmente benignas e economicamente vantajosas deste método sintético. Para o fabrico do derivado 6-piperidina-1-il-4,8-dihidro-5-tiazona1,2,3,3a,7,8-hexaaza-s-indaceno **17a**, um modelo de reação em curso envolvendo quatro reagentes, o aldeído aromático **13a**, a rodanina **14**, a pipredina **15** e o 5-aminotetrazol **16**, foi realizado seis vezes na presença de BSGPd. O catalisador foi eliminado da mistura reacional após a reação e reutilizado após lavagem com etanol para o ciclo subsequente. (**Figura 53**) que ilustra os resultados dos estudos de recuperação do BSGPd demonstrou que o BSGPd podia ser reciclado durante seis ciclos consecutivos sem perder a sua atividade catalítica. Mas quando realizámos os dois ciclos seguintes (7 e 8) nas mesmas condições, descobrimos uma fraca atividade catalítica.

4.2.4.5 Mecanismo esperado para o comportamento catalítico no processo de síntese

Conforme ilustrado no (**Esquema 18**), apresentámos um processo apropriado para a formação dos derivados de 6-piperidina-1-il4,8-di-hidro-5-tia-1,2,3,3a,7,8-hexaaza-s-indaceno **17a-k**. O grupo carbonilo do aldeído aromático, que funciona como o eletrófilo adequado, é maioritariamente protonado pelo BSGPd. O aceitador de Michael a,e-insaturado (condensação de Knoevenagel) **(A)** está a ser produzido pela reação do aldeído ativado e uma molécula de rodanina [**Brase et al., 2009**]. A subsequente adição de NH (pipredina) aos grupos tionilo, seguida da remoção de H_2S, resulta na produção do intermediário **(B)** [**Shariati et al., 2014; Azizi et al., 2022**]. Ao adicionar 5- aminotetrazol 4 nucleofilicamente em **(B)**, o intermediário **(C)** foi criado. Finalmente, a adição nucleofílica intramolecular do grupo NH2 (enamina) **(C)** ao grupo C=O resulta no composto **(D)**, que se converteu no produto-alvo **17a** após a libertação de uma molécula de H_2O.

4.2.4.6 Bases teóricas para o comportamento catalítico do BSGPd

O comportamento catalítico do complexo de Pd(II) pode ser aproximado tendo em conta as seguintes caraterísticas:

(a) A capacidade dos electrões de valência para ativar uma atividade catalítica e a menor energia necessária para o fazer são representadas pelo menor valor apreciado do intervalo de energia$\left(\Delta E\right)$.

(b) Os valores mais elevados de eletronegatividade (EN) e electrofilicidade (EP) indicam que o complexo de Pd(II) tem tendência para receber electrões de espécies dadoras.

(c) Como resultado da ligação extra-coordenada, o átomo central de um complexo tem uma camada de valência vazia (16 e-1), o que indica a sua reatividade e instabilidade em termos de aceitação de electrões para atingir a saturação (18 e-1).

Em conclusão, uma análise computacional torna-se vital para explicar o método catalítico, que depende sobretudo de ideias lógicas sobre a forma como as acções catalíticas tiveram lugar. Isto deve-se ao facto de as teorias lógicas só poderem explicar alguns aspectos do funcionamento da catálise. Ao longo da via sugerida para a reação, ocorreu a formação de quatro conformadores (A-D). A estabilidade dos conformadores teorizados e a possibilidade da sua criação motivaram a otimização destes conformadores utilizando a abordagem DFT/B3LYP com a base LanL2dz e 6-311G(d,p), que foi construída para verificar o potencial deste mecanismo (**Esquema 19**). O catalisador complexo de Pd(II) tem uma baixa quantidade de energia (E = -2627,1410 eV), no entanto esta energia pode ser aumentada pela ligação com os ingredientes iniciais de benzaldeído e 2-tioxo-1,3-tiazolidina-4-um (E = -1974,3792 eV). Depois disso, outros rearranjos culminaram na formação do Composto A, que tinha um valor E de -1569,5604 eV. Após isso, ocorreu uma interação com a piperidina e em seguida novos rearranjos que levaram a formação do composto B (E= -1007,1168 eV), e em seguida ocorreu uma interação com a 1H-tetrazol-5-amina e um rearranjo que resultou na formação do composto C, E= -1200,6284 eV. O último passo foi a síntese do composto D, com um nível de energia de -987,0241 eV; este composto, quando desidratado, deu origem à formação do produto final (composto E), com um nível de energia de -1915,1408 eV. Estes resultados apoiam a abordagem mecanicista hipotética, uma vez que revelam a estreita ligação entre eles em termos de estabilidade (**Esquema 19**).

5- Referências

A

Abd El-Lateef, H. M, Mai M. Khalaf, Amer A. Amer, Mahmoud Kandeel, Antar A. Abdelhamid, e Aly Abdou, ACS Omega , 8, 29, 25877-25891 **[2023 a]**

Abd El-Lateef, H. M, Mai M. Khalaf, Mahmoud Kandeel, Aly Abdou, Inorganic Chemistry Communications 155, 111087 **[2023 b]**

Abd El-Lateef, H. M, Mai M. Khalaf, Mahmoud Kandeel, Amer A. Amer, Antar A. Abdelhamid, Aly Abdou, Computational Biology and Chemistry 105, 107908, **[2023 c]** **Abd El-Lateef,** H. M., Abu-Dief A. M., M. A. A. Mohamed, J. Mol. Struct., 1130, 522 **[2017]**

Abd El-Lateef, H. M., Abu-Dief, A. M., Abdel-Rahman, L. H., Sanudo, E. C., Aliaga Alcalde, N., J. Electroanal. Chem. 743, 120 **[2015 b].**

Abd El-Lateef, H. M., Abu-Dief, A. M., El-Gendy, B. E. D. M., J.Electroanal. Chem. 758, 135 **[2015 a]**

Abd El-Mawgoud, Heba Kamal, Chem. Pharm. Bull. 67, 1314-1323 [**2019**] Abdelraheem M. Ahmed, Current Organic Chemistry, 26, 2214-2222 **[2022]**

Abdel-Rahman, L. H **,** Abu-Dief A. M., F. M. Atlamb , A. A. H. Abdel-Mawgouda , A. A. Alothmanc , A. M. Alsalmec e A. Nafady, Journal of Coordination Chemistry, 73:23, 3150-3173 [**2020 d**]

Abdel-Rahman, L. H., Amani A. Abdelghani, Abeer A. AlObaid, Doaa Abou El-ezz, Ismail Warad, Mohamed R. Shehata Ehab M. Abdalla, Scientific Reports, 13:3199 **[2023]**

Abdel-Rahman, L. H., Abdelhamid, A. A., Abu-Dief, A. M., Shehata, M. R., Bakheet, M. A., J. Mol. Struct. 1200, 127034 **[2020 c]**

Abdel-Rahman, L. H., Abu-Dief, A. M., Abdel-Mawgoud, A. A. H., J. King Saud Univ. Sci. 31(1), 52 **[2019 a]**

Abdel-Rahman, L. H., Abu-Dief, A. M., Aboelez, M. O., Abdel-Mawgoud, A. A. H., J. Fotocinética. Photobiol. B. 170, 271 **[2017 d]**

Abdel-Rahman, L. H., Abu-Dief, A. M., Adam, M. S. S., Hamdan, S. K., Catal. Letters. 146, 1373 **[2016 d]**

Abdel-Rahman, L. H., Abu-Dief, A. M., Basha, M., Abdel-Mawgoud, A. A. H., 32(12) e3750 **[2018 b]**

Abdel-Rahman, L. H., Abu-Dief, A. M., El-Khatib, R. M., Abdel-Fatah, S. M., J. Photochem Photobiol B: Biol, 162, 298 [**2016 a**]

Abdel-Rahman, L. H., Abu-Dief, A. M., El-Khatib, R. M., Abdel-Fatah, S. M., Bioorg. Chem., 69, 140 **[2016 e]**

Abdel-Rahman, L. H., Abu-Dief, A. M., Hamdan, S. K., Seleem, A. A., Int. J. Nano. Chem. 1, No. 2, 65 **[2015 a]**

Abdel-Rahman, L. H., Abu-Dief, A. M., Hashem, A. A., Seleem, A. A., Int. J. Nano. Chem. 1, No. 2, 79 **[2015 b]**

Abdel-Rahman, L. H., Abu-Dief, A. M., Ismael, M., Mohamed, M. A., Hashem, N. A., J. Mol. Struct, 1103, 232 [**2016 b**]

Abdel-Rahman, L. H., Abu-Dief, A. M., Moustafa, H., Abdel-Mawgoud, A. A. H., Arab. J. Chem, 13(1), 649 **[2020 a]**

Abdel-Rahman, L. H., Abu-Dief, A. M., Moustafa, H., Hamdan, S. K., Appl. Org. Chem., 31, e3555 **[2017 b]**

Abdel-Rahman, L. H., Abu-Dief, A. M., Newair, E. F., Hamdan, S. K., J. Photochem. Photobiol. B 160, 18 [**2016 c]**

Abdel-Rahman, L. H., Abu-Dief, A. M., Shehata, M. R., Atlam, F. M., Abdel-Mawgoud, A.

A. H., Appl. Organometal. Chem. 33, e4699 **[2019 b]**

Abdel-Rahman, L. H., Adam, M. S. S., Abu-Dief, A. M., Abdel-Mawgoud, A. A.H., J. Trânsito. Met. Chem, 2, 1 **[2019 c]**

Abdel-Rahman, L. H., Adam, M. S., Abu-Dief, A. M., Ahmed, H. E. S., Nafady, A., Molecules, 25(21), 5089 **[2020 b]**

Abdel-Rahman, L. H., El-Khatib, R. M., Nassr, L. A. E., Abu-Dief, A. M., Lashin, F. E., Spectrochim. Ata. A 111, 266 **[2013 b]**

Abdel-Rahman, L. H., El-Khatib, R. M., Nassr, L. A. E., Abu-Dief, A. M., J. Mol. Struct. 1040, 9 [**2013 a**]

Abdel-Rahman, L. H., El-Khatib, R. M., Nassr, L. A. E., Abu-Dief, A. M., Mohamed, I., Amin, A. S., Spectrochim. Ata, 117, 366 **[2014 a]**

Abdel-Rahman, L. H., El-Khatib, R. M., Nassr, L. A. E., Abu-Dief, A. M., Arab. J. Chem. 10, S1835 [**2017 a**]

Abdel-Rahman, L. H., Ismail, N. M., Ismael, M., Abu-Dief, A. M., Inorg. and NanoMetal Chem., 47, 467 **[2017 c]**.

Abdel-Rahman, L. H., Ismail, N. M., Ismael, M., Abu-Dief, A. M., Ahmed, E. A., J. Mol. Struct. 1134, 851 **[2017 e]**

Abdel-Rahman, L.H., Adam, M. S. S., Abu-Dief, A. M., Moustafa, H., Basha, M. T., Aboraia, A. S., Al-Farhan, B.S., Ahmed, H. E., Appl. Organometal. Chem. 32(12) e 4527 **[2018 a]**

Ablajan K., W.Kamil, Anagu Tuoheti e Sun Wan-Fu, Molecules, 17, 1860-1869 [**2012**]

Abu-Dief, A. M**,** Musa A. Said, O. Elhady, Nadiyah Alahmadi, Seraj Alzahrani, Thomas Nady A. Eskander, Mahmoud Abd El Aleem Ali Ali ElRemaily, Inorganic Chemistry Communications 155, 110955 **[2023 b]**

Abu-Dief, A. M**,** Musa A. Said, O.M Elhady , A.Hessah Al-Abdulkarim, Seraj Alzahrani, Thomas Nady A. Eskander, M. A. A. El-Remaily, Appl Organomet Chem.;37:e7162 **[2023 a]**

Abu-Dief, A. M, Nashwa M. El-Metwaly, Seraj Omar Alzahrani, Fatmah Alkhatib, Matokah M. Abualnaja, Tarek El-Dabea, Mahmoud Abd El Aleem Ali Ali El-Remaily, Journal of Molecular Liquids, 326, 115277 **[2021 b]**

Abu-Dief, A. M, Rafat M El-Khatib, Tarek El-Dabea, Aly Abdou, Faizah S Aljohani, Eida S Al-Farraj, Ibrahim Omar Barnawi, Mahmoud Abd El Aleem Ali Ali, Journal of Molecular Liquids 386, 122353 [**2023 c**]

Abu-Dief, A. M**,,** Nashwa M. El-Metwaly, Seraj Omar Alzahrani, Fatmah Alkhatib, Hana M. Abumelha, Tarek El-Dabea Mahmoud Abd El Aleem Ali Ali El-Remaily, Research on Chemical Intermediates, 47:1979-2002 **[2021 c]**

Abu-Dief, A. M., Abdel-Rahman, L. H., Shehata, M. R., Abdel-Mawgoud, A. A. H., J. Phys. Org Chem, 32(12), e4009 [**2019 b**]

Abu-Dief, A. M., Abdel-Rahman, L. H., Abdelhamid, A. A., Marzouk, A. A., Shehata, M. R., Bakheet, M. A., Nafady, A. Spectrochimi. Ata A: Mol , Biomol Spectrosc, , 228, 117700 **[2020 b]**

Abu-Dief, A. M., Abdel-Rahman, L. H., Abdel-Mawgoud, A. A. H., Appl. Organomet. Chem. 34, e5373 [**2020 a**]

Abu-Dief, A. M., Abdel-Rahman, L.H., Abdel-Mawgoud, A. A. H., Appl. Organomet. Chem. 34, e5373 [**2020 c**]

Abu-Dief, A. M., Alsehli, M., J. Pharm. Nurs. 2 (2), 12 [**2020 d**]

Abu-Dief, A. M., El-Metwaly, N. M., Alzahrani, S. O., Bawazeer, A. M., Shaaban, S., & Adam, M. S. S., J. Mol. Liq, 322, 114977**[2021 a]**

Abu-Dief, A. M., Nassr, L. A. E., J. IRAN. CHEM. SOC, 12, 943 [**2015 b**]

Abu-Dief, A.M., El-Sagher, H. M., Shehata, M. R., Appl. Organometal. Chem. 33, e4943 [**2019 a**]

Abu-Dief, A.M., Mohamed, I. M. A., Beni-suef university journal of basic and applied sciences 4, 119 **[2015 a]**

Abumelha, H. M., Al-Fahemi, J. H., Althagafi, I., Bayazeed, A. A., Al-Ahmed, Z. A., Khedr, A. M., El-Metwaly, N., J. Inorg. Organometal. Polymers and Materials, 30, 3277 **[2020]**

Abusetta, Aisha**,** Jowhara Alumairi, Mariam Y. Alkaabi, Ruba Al Ajeil, Asma Abu Shkaidim **[2020]**

Adam, Mohamed Shaker S., Ahmed Khalil, Amel Taha, Mostafa M. Mostafa, Mohamed M. Makhlouf, Hatem A. Mahmoud, Surfaces and Interfaces 39, 102914, **[2023]**

Adly, O. M., Shebl, M., Abdelrhman, E. M., & El-Shetary, B. A. J. of Mol. Struct, 1219, 128607 **[2020]**

Ahmadi, Mohsen, Sander Bekeschus, Klaus-Dieter Weltmann, Thomas von Woedtke e Kristian Wende, RSC Med Chem. 13(5): 471-496 **[2022]**

Ahmed, Ayman H., M.G. Moustafa, Jornal da Sociedade Saudita de Química 24, 381-392 **[2020]**

Ahmed, Eman A., Ahmed M.M. Soliman, Ali M. Ali, El-Remaily, M.A.A, Applied Organometallic Chemistry,;35:e6197 **[2021]**

Alaghaz, A. M. A., El-Sayed, B. A., El-Henawy, A. A., Ammar, R. A. A., J. Mol. Struct. 1035, 83 **[2013]**

Al-Gaber, Mohamed Ali Ibrahim, Hany M. Abd El-Lateef, Mai M. Khalaf, Saad Shaaban, Mohamed Shawky, Gehad G. Mohamed, Aly Abdou, Mohamed Gouda, and. Abu-Dief A. M, Design, Materials, , 16, no. 3: 897 [**2023**]

Alghuwainem, Yousef A. A., Hany M. Abd El-Lateef, Mai M. Khalaf, Antar A. Abdelhamid, Anas Alfarsi, M. Gouda, Mohamed Abdelbaset, Aly Abdou, Journal of Molecular Liquids, 369, 120936; [**2023**]

Alghuwainem, Yousef A. A**.**, Hany M. Abd El-Lateef, Mai M. Khalaf, Amer A. Amer, Antar A. Abdelhamid, Ahmed A. Alzharani, Anas Alfarsi, Saad Shaaban, Mohamed Gouda, Aly Abdou, International Journal of Molecular Sciences; 23(24):15614 [**2022**] **Al-Hamdani**, A. S., Al-luhaibi, R. S. A., Res. J. Pharm, Biolog. Chem. Sci., 8, 164 **[2017**].

Al-Hazmi, G. A. A., Abou-Melha, K. S., Althagafi, I., El-Metwaly, N. M., Shaaban, F., Abdul Galil, M. S, El-Bindary, A. A, Appl. Organomet. Chem. 34(8), e5672 **[2020 b] Al-Hazmi,** G. A. A., Abou-Melha, K. S., El-Metwaly, N. M., Althagafi, I., Shaaban, F., Zaki, R., Appl. Organomet. Chem. 34, e5403 **[2020 a]**

Al-Hazmi, G. A. A., Abou-Melha, K. S., El-Metwaly, N. M., Althagafi, I., Zaky R, Shaaban, F., J Inorg. Organomet. Polym 30, 1519 [**2019**]

Aljohani, E. T., Shehata, M. R., & Abu-Dief, A. M. Appl. Organomet. Chem, e6169 [2021]

Aljohani, F.S., Omran, O.A., Ahmed, E.A., Al-Farraj, E.S., Elkady, E.F., Alharbi, A., El-Metwaly, N.M., Barnawi, I.O. e Abu-Dief, A.M. Inorg. Chem. Commun. 128, 110331 **[2023]**

Almazroia, L., Shah, R., El-metwaly, N., Farghaly, T., Res. Chem. Intermed. 45, 1943 **[2019]**

Alonso, Moreno, C.; Antinolo, A.; Carrillo-Hermosilla, F.; Otero, A. Chem. Soc. Rev. 43, 3406-3425 **[2014]**

Alsafi, M. A., D. L. Hughes e M. A. Said, Ata Cryst. (). C76, 1043-1050 [**2020**] **Al-Shamry,** Abdulrhman A. **,** Mai M. Khalaf, Hany M. Abd El-Lateef, Tarek A. Yousef Gehad G. Mohamed, Kariman M. Kamal El-Deen, Mohamed Gouda, Abu-Dief A. M., Materials. 16, 83 **[2023]**

Altun, O., & Kocer, M.O. J. Mol Struct, 1224, 129242 **[2021**]

Alzahrani, S. O., Abu-Dief, A. M., Alkhamis, K., Alkhatib, F., El-Dabea, T., El- Remaily, M.

A. E. A. A., & El-Metwaly, N. M. J. Mol. Liqs., 115844 **[2021]**

Ammar, R.A.A; Alaghaz, A.M.A. Int. J. Electrochem. Sci. , 8, 8686-8699 **[2013]** **Arafath,** Azharul Md., Farook Adam, Mohamed B. Khadeer Ahamed, Mohammad Razaul Karim, Md. Nizam Uddin, Bohari Mohd. Yamin, Aly Abdou, Journal of Molecular Structure, Volume 1278, 134887 [**2023**]

Azizi, N., Navid Habibnejad, Tahereh Soleymani Ahooie, Journal of Molecular Liquids 368, 120625. [**2022**]

B

Becke, A. D., J. Chem. Phys. 96, 2155 **[1993 b]**

Becke, A. D., Phys. Rev. A., , 38, 3098**.** [**1988**]

Becke, A.D., Density functional thermochemistry. III. O papel da troca exacta, J. Chem.l Phys. 98(7) 5648 **[1993 a]**

Becke, A.D., J. Chem. Phys. 85, 7184-7187 **[1986]**

Bhaskaruni, Sandeep V.H.S., Suresh Maddila, Kranthi Kumar Gangu, Sreekantha B. Jonnalagadda, Arabian Journal of Chemistry 13, 1142-1178 **[2020]**

Bosnich, B., J. Am. Chem. Soc. 90, 627 **[1968]**

Boureghda, Chaima, Raouf Boulcina, Vincent Dorcet, Fabienne Berree, Bertrand Carboni, Abdelmadjid Debache, Tetrahedron, hal-03122490, [**2021**]

Brase S., K. Banert, Organic Azides Syntheses and Applications, John Wiley & Sons, Hoboken [**2009**]

Britton, H.T.S. Hydrogen ions. 2ª Edição, Chapman and Hall, Londres **[1952]**

C

Cantini, F., L. Niccoli, D. Matarrese, E. Nicastri, P. Stobbione, D. Goletti, J Infect 81 318-356 [**2020**]

Cavalli, G., De Luca G, Campochiaro C, Della Torre E, Roipa M, Canetti D, Lancet Rheumatology 2, 325-331 [**2020**]

Chadha, N. e O. Silakari, Key Heterocycle Cores for Designing Multitargeting Molecules. Capítulo 8 285-321 [**2018**]

Chandra, S. Kumar, U., J. Spectrochim. Ata A 61, 219 **[2005]**

Chandra, S., Sharma, S. D., Trans. Metal. chem, 27(7), 732 **[2002]**

Chattaraj, P.K., U. Sarkar, D.R. Roy, Chem. Rev., 106 pp. 2065-2091 [**2006**]

Claver, C.; Yeamin, M.B.; Reguero, M.; Masdeu-Bulto, A.M. Green Chem. 22, 76657706 **[2020]**

Coats, A. W., Redfern, I. P., Nature 20, 68 **[1964]**.

Cramer, D., & Howitt, D. L. **[2004]**

D

Deshmukh, S. D., & Mandlik, P. R. Saudi J Med Pharm Sci, 7(1), 7 **[2021]** **Dharmaraj,** N., Viswanathamurthi, P., Natarajan, K., Trans. Metal. Chem. 26(1) 105 **[2001]**

Ditchfield R.; W. J. Hehre; J. A. Pople, J. Chem. Phys. 54, 724-728 **[1971]**

Dong, S.; Feng, X.; Liu, X. Chem. Soc. Rev., 47, 8525-8540 **[2018]**

Dunning. T.H., J Chem Phys 90, 1007 [**1989**].

E

Ehab, M. Abdalla, Laila H. Abdel Rahman, Antar A. Abdelhamid, Mohamed R. Shehata, Asma A. Alothman, Ayman Nafady, Appl Organomet Chem;34:e5912 [**2020**] **El-Boraey**, H. A., El-Gammal, O. A., Sattar, N. A. J. Radio. Nucl. Chem, 323(1), 241 **[2020]**

El-Gammal, O.A., G.M. Abu El-Reash, S.E. Ghazy, A.H. Radwan, Journal of Estrutura molecular 1020 6-15 **[2012]**

El-Ghamry, Hoda A., Shaimaa K. Fathalla, Mohamed Gaber, Appl Organometal

Chem.;32:e4136 **[2018]**
Elkanzi, Nadia A. A., Ali M. Ali, Mha Albqmi, Aly Abdou, Appl Organomet Chem.;36:e6868 [**2022 a**]
Elkanzi, Nadia A. A., Asmaa M. Kadry, Rasha M. Ryad,Rania B. Bakr, El-Remaily, M. A. E. A. A and Ali M. Ali, ACS Omega, 7, 26, 22839-22849 **[2022 b]**
Elkanzi, Nadia A.A., Hajer Hrichi, Hanan Salah, Mha Albqmi, Ali M. Ali, Aly Abdou, Polyhedron, 230 116219 [**2023**]
El-Remaily, M. A. E. A. A e O.M. Elhady, Appl Organometal Chem ;33: e4989 [**2019**]
El-Remaily, M. A. E. A. A, A. M. M. Soliman, O. M. Elhady, ACS Omaga 5, 6194 [**2020 a**]
El-Remaily, M. A. E. A. A, Abu-Dief, A. M, Rafat M. El-Khatib, appl. Organometal. Chem, 30, 1022-1029 **[2016 a]**
El-Remaily, M. A. E. A. A, Ahmed M. M. Soliman, Mohamed E. Khalifa, Nashwa M. El-Metwaly, Amerah Alsoliemy, Tarek El-Dabea, Ahmed M. Abu-Dief, Appl Organomet. Chem. e6320 **[2021 b]**
El-Remaily, M. A. E. A. A, Elhady,O.M., ChemistrySelect, 5, 12098 -12102 **[2020 b]**
El-Remaily, M. A. E. A. A, Nashwa M. El-Metwaly, Tahani M. Bawazeer, Mohamed E. Khalifa, Tarek El-Dabea, Ahmed M. Abu-Dief, Appl Organomet. Chem. e6370 **[2021 c]**
El-Remaily, M. A. E. A. A, Hamad, H.A., Soliman, A.M.M., Elhady,O.M., Applied Organometallic Chemistry, 35:e6238 **[2021 d]**
El-Remaily, M. A. E. A. A, O. Elhady, Aly Abdou, Dalal Alhashmialameer, Thomas Nady A. Eskander, Abu-Dief Ahmed M., Journal of Molecular Structure 1292, 136188 **[2023a]**
El-Remaily, M. A. E. A. A, Tarek El-Dabea, Mohammed Alsawat, Mohamed H. H. Mahmoud, Alia Abdulaziz Alfi, Nashwa El-Metwaly, Ahmed M. Abu-Dief, ACS Omega, 6, 21071-21086 **[2021 a]**
El-Remaily, M. A. E. A. A., Abu-Dief, A. M. Tetrahedron, 71(17), 2579 [**2016 b**],
El-Remaily, M. A. E. A. A., Abu-Dief, A. M., Elhady, O. Appl. Organomet. Chem, 33(8), e5005 **[2019a]**
El-Remaily, M. A. E. A. A., Abu-Dief, A. M., Elhady, O. Appl. Organomet. Chem, 33(8), e5005 **[2019 b]**
El-Remaily, M. A. E. A. A., Elhady,O.M., Applied Organometallic Chemistry; 33:e4989 **[2019 c]**
El-Remaily, M. A. E. A. A., Hamad, H. A., J. Mol. Cata. Chemical, 404, 148 [**2015**]
El-Remaily, M. A. E. A. A.,Tetrahedron, 70(18), 2971 [**2014**]
El-Sayed, Y. S., Gaber, M., & El-Wakiel, N. J. Mol.r Struct, 1224, 129283 **[2021]**
El-Tabl, A. S., Shakdofa, M. M. E., Whaba, M. A., Spectrochim. Ata A 136, 1941 **[2015].**
Emara, A. A. A., Abd El- Hameed, F. S. M., Khalil, S. M. E., Phosphor. Enxofre Silício 114, 1 **[1996]**
Emara, A. A. A., Abou-Hussen, A. A. A., Spectrochim. Ata A 64, 1010 **[2006]**
Emara, A. A. A., Saleh, A.I., Adly, O. I., Spectrochim. Ata. A. 68, 592 **[2007]**
Emara, A. A. A., Spectrochim. Ata A. 77, 117 **[2010]**
Eshkevari, Boshra Mirhosseini-, Mohammad Ali Ghasemzadeh, Manzarbanoo Esnaashari e Saeed Taghvaei Ganjalia, RSC Adv., 11, 364-373 **[2021]**

F

Fierro, C.M.; Smith, P.D.; Horton, P.N.; Hursthouse, M.B.; Light, M.E. Inorg. Chim. Ata , 368, 257-262 **[2011].**
Fischer J, Ganellin CR. John Wiley & Sons. p. 457. ISBN 9783527607495 [**2006**].
Frisch, M.J.T.G.W., Schlegel, H.B, et al. Gaussian 03, Revisão D.02, Versão. Gaussian, Inc., Wallingford **[2004]**

Frisch, G, Trucks. M, Schlegel. G, H. Scuseria. B, Robb. G, M.; Cheeseman, J.; Scalmani, G.; Barone, V.; Mennucci, B.; Petersson, Gaussian 09, revisão a. 02, gaussian. Inc., Wallingford, CT, 2009 200, [**2009**]

Frost, A. A., Pearson, R. G., Kinetics and Mechanism-A Study of homogenous Chemical Reaction, Wiley, New York **[1961]**

Fukui K., Acc. Chem. Res., 4, 57 [**1971**]

Fukui K., Angew. Chem., 94, 852 [**1982**]

Fukui K., J. Phys. Chem., 74, 4161 [**1970**]

G

Gangu, Kranthi Kumar, Suresh Maddila, Saratchandra Babu Mukkamala, Sreekantha B. Jonnalagadda, Journal of Molecular Structure, 1143, 153-162 **[2017]**

Gasanov, Kh. I, A. S. Antsyshkina, G. G. Sadikov, N. A. Ivanova, D. I. Mirzai, I. A. Efimenko, e V. S. Sergienko, Crystallography Reports, Vol. 47, No. 4, , pp. 603-609 [**2002**].

Genebra, OMS. hdl: 10665/345533. WHO/MHP/HPS/EML/.02 [**2021**].

Gorgannezhad, Lena, Gholamreza Dehghan, S. Yousef Ebrahimipour, Abdolhossein Naseri, Jafar Ezzati Nazhad Dolatabadi, Journal of Molecular Structure 1109, 139e145, **[2016]**

H

Hashim, A., M.S. Khan, M.S. Khan, M.H. Baig, S. Ahmad, Biomed Res. Int.1-12. H [**2013**]

Hay, P.J. e Wadt. W.R., J Chem Phys 82, 270 [**1985 a**]

Hay, P.J. e Wadt. W.R., J Chem Phys 82, 299 [**1985 b**]

Hohenberg, P. e Kohn W., Phys. Rev. 136, B864 **[1964]**

Holger, Gohlke, e Gerhard Klebe, Angew. Chem. Int. Ed., 41, 2644 - 2676 **[2002] Hossain,** M. S., K. A. Khushy, M. A. Latif, Md. Faruk Hossen, Md. Ali Asraf, Md. Kudrat-E-Zahan, A. Abdou, Russian Journal of General Chemistry, Vol. 92, No. 12, pp. 2723-2733 [**2022**]

Hossain, M. I., Switalska, M., Peng, W., Takashima, M., N. M. Wang, Kaiser, Wietrzyk, J., Dan, S., Yamori, T., Inokuchi, T., Eur. J. Med. Chem. 69, 294 [**2013**]

Hrichi, Hajer, Nadia A. A. Elkanzi, Ali M. Ali, Aly Abdou, Res. Chem. Intermed., 49, 2257-2276 [**2023**]

Hrichi, Hajer, Nadia A. A. Elkanzi, Ali M. Ali, Aly Abdou,. Res. Chem. Intermed., [**2022**]

I

Indapamide, na Biblioteca Nacional de Medicina dos Estados Unidos Cabeçalhos de Assuntos Médicos (MeSH), Organização Mundial de Saúde [2021]

Ishikawa, T. Chem. Pharm. Bull, 58, 1555-1564. **[2010]**

Ishikawa, T. Ed. Wiley: Chippenham (Inglaterra), **[2009]**

Ishikawa, T.; Kumamoto, T. Synthesis, 737-752 **[2006]**

Issa, I. M., Issa, R. M., Abdel-Aal, M. S., Egito. J. Chem. 14, 25 **[1971]**

J

Jarad, A. J., M. A. Dahi, T. H. Al-Noor, M. M. El-ajaily, S. R. AL-Ayash, A. Abdou, J. Mol. Struct. 1287 135703 [**2023**]

Job, P., Ann. Chim., 9, 113-203 **[1928]**

Joseyphus, R.S.; Nair, M.S. Mycobiology, 36, 93-98 **[2008]**

Jumbam, Ndze Denis e Wayiza Masamba, Molecules, 25, 5935 **[2020]**

K

Kandil, S. S., El-Hefnawy, G. B., Baker, E. A., Thermochim. Ata 414, 105 **[2004]** **Kaneko,** M, S. Nakashima, Bull. Chem. Soc. Jpn., 88, 1164-1170 [**2015**]

Karmakar, Jit, Promita Nandy, Saurabh Das, Debalina Bhattacharya, Parimal Karmakar e Samaresh Bhattacharya, ACS Omega, 6, 8226-8238 **[2021]**

Katouah, H., Hameed, A. M, Alharbi, A., Alkhatib, F., Shah, R., Alzahrani, S., Zaky, R., M

El-Metwaly, N., Chem. Select 5 (33), 10256 **[2020]**
Khalaf, Mai M., Hany M. Abd El-Lateef, Mohamed Gouda, Fatma N. Sayed, Gehad G. Mohamed, Abu-Dief A.M, Materials. 15, 4842 **[2022]**
Khalf-Alla, P. A., Hassana, S. S., Shoukry, M. M., Inorganica Chimica Ata 492, 192 [**2019**]
Kim, S.-H.; Semenya, D.; Castagnolo, D. Eur. J. Med. Chem., 216, 113293 **[2021] Koch** Wolfram e Holthausen Max C, Wiley **[2001]**
Kohn, W. and Sham, L.J. Physical Review, 140, A1133-A1138 **[1965]**
Koopmans T.A., Physica, 1 pp. 104-113 **[1993]**
Kumar, S.; Dhar, D.N.; Saxena, P.N. J. Sci. Ind. Res, 68, 181-187 **[2009]**
Kumar, Vasantha, Premalatha Shetty, Arunodaya H. S., Sharath Chandra K., Ramith Ramu, Shashank M. Patil, Anuradha Baliga, Vaishali M. Rai, Shalini Shenoy M, Vishwanatha Udupi, Vishwanatha Poojary e Boja Poojary, Chem. Biodiversity, 19, e202100532 **[2022]**
Kumar, Vineet Choudhary, Arvind Kumar Bhatt, Dibyajit Dash e Neeraj Sharma, Journal of Computational Chemistry [**2019**].
Kuwahara, K., Yamada, K., Suzuki, K., & Citterio, D. Analyst, 143(5), 1234 **[2018]**
L
Laverick, R. J., Carter, A. B., Klein, H. A., Fitzpatrick, A. J., Keene, T. D., Morgan, G. G., & Kitchen, J. A. Inorg Chim. Ata, 463, 126 [**2017**]
Lazarevic, T., Rilak, A., & Bugarcic, Z. D. Eur. j. med.chem, 142, 8 [**2017**]
Lee C., W. Yang, R. G. Parr, Phys. Rev. B, 37, 785 [**1988**]
Lesar, A., I. Milosev, Chem. Phys. Lett., 483 pp. 198-203 [**2009**]
Lever, A. B. P., Inorg. Electronic Spectrosc., segunda ed., Elsevier, Amesterdão **[1984]**
Li, Y. T., Jan, C. W., Zheng, Y. J., Liao, D. Z., Polyhedron 17, 1423 **[1998]**
Liangliang, Han e Zhongqiang Zhou, Investigação em Química Orgânica Moderna, Vol. 1, N.º 1, novembro **[2016]**
Liao, Z.-R. Polyhedron 20 2813-2821 [**2001**]
Lynch, Benjamin J e Truhlar Donald G, J. Phys. Chem. A , 107, 42, 8996-8999 **[2003]**
M
Mabbs, F. E., Machin, D. J. Magn. Trans. Metal Comp **[1973]**
Maddila, Suresh, Nagaraju Kerru e Sreekantha Babu Jonnalagadda, Molecules, 27(19), 6347 **[2022]**
Majeed, Abdulnasir A., Mostafa M.H. Khalil, Ahmed Fetoh, Ayman A. Abdel Aziz, G.M. Abu El-Reash, Appl Organomet Chem.;**35**:e6037 **[2021]**
Mandour, H. S., Abouel-Enein, S. A., Morsi, R. M., & Khorshed, L. A. J. Mol.r Struct, 1225, 129159 **[2021]**
Maravalli, P. B., Goudar, T. R., Thermochim. Ata 325, 35 **[1999]**
Masoud, Mamdouh S, Galila A. Yacout, Bassant A. Abd-El-Khalek & Ahmed M. Ramadan, Journal of Inorganic and Organometallic Polymers and Materials volume 33, páginas2252-2269 **[2023]**
McLean, A. D., G. S. Chandler, J. Chem. Phys., 72, 5639-48. [1980]
Mes^as, Salazar, A.; Martrnez, J.; Rojas, R.S.; Carrillo-Hermosilla, F.; Ramos, A.; Fernandez-Galan, R.; Antinolo, A. Catal. Sci. Technol. 9, 3879-3886 **[2019]**
Miar, M., Shiroudi, A., Pourshamsian, K., Oliaey, A. R., & Hatamjafari, F., Journal of Chemical Research, 45(1-2), 147-158 [**2021**]
Mohamad, A. D., Abualreish, M.J.A, Abu-Dief, A. M., J. Mol. Liq. 290, 111162[**2019**]
Mohamed, A. M., & AL-Shemary, R. K. R. Int. J. Pharm. Res., 13(1) **[2021]**
Mohamed, G. G., Zayed, E. M., Hindy, A. M. M., Spectrochim. Ata A 145, 76 **[2015]**
Mohamed, S. K, M. A. A. El-Remaily, A. M. Soliman, A. V. Gurbanov e S. W. Ng, Ata

Cryst. E67, o786 [**2011**]

Mona, A. Alamri, Mutlaq. Al-Jahdali, Najlaa S. Al-Radadi, Mostafa A. Hussien, Appl Organomet Chem.;36:e6466 [**2022**]

Montazerozohori, M., Mojahedi J. S., Masoudiasl A., McArdle P., Spectrochim Ata A Mol Biomol Spectrosc. 5, 138, 517 **[2015]**

Mumit, M. A., Pal, T. K., Alam, M. A., Islam, M. A. A. A. A., Paul, S., & Sheikh, M. C., J. mol. struc, 1220, 128715 **[2020]**

N

Nair, M. K. M., Radhakrishnan, P. K., Thermochim. Ata 261 **[1995]**

Nakamoto, K., "Infrared spectra of inorganic, coordination compounds" Wiley Interscience, New York, 25 232-239 **[1970]**

Nakamoto, K., Infrared and Raman Spectra of Inorganic Coordination Compounds, 3rd ed., New York: J. Wiley and sons **[1986]**

Neelakantan, M. A., Esakkiimmal, M., Mariappan, S. S., Dharmaraja, J., Jeyakumar, T., Ind. J pharm. Sci. 72 (2) 216 - 222 **[2010]**

Nejad, Fateme Khajoee, Mehrji Khosravan, S. Yousef Ebrahimipour, Franco Bisceglie, Appl Organometal Chem.;32:e3907 **[2018]**

P

Pajuelo, Corral., O., Garda, J. A., Castillo, O., Luque, A., Rodriguez-Diëguez, A., & Cepeda, J. Magneto chem. 7(1), 8 [**2021**]

Parr, R. G, L. Szentpaly, S. Liu, J. Am. Chem. Soc., 121, pp. 1922-1924 **[1999]**

Parr, R.G., R.A. Donnelly, M. levy, W.E. Palke, J. Chem. Phys., 68 pp. 3801-3807 [**1978**]

Parr, R.G., R.G. Pearson, J. Am. Chem. Soc., 105 pp. 7512-7516 **[1983]**

Pasin, L., G. Cavalli, P. Navalesi, N. Sella, G. Landoni, G. Yavorovskiy , V. Valery , A Zangrillo, L. Dagna, G. Monti. Jornal Europeu de Medicina Interna, 86 34-40 [**2021**].

Pradeepa, S. M., Naik, H. S. B., Kumar, B. V., Priyadarsini, K. I., Barik, A., Naik, T. R. R., Prabhakara, M. C., J. Spectrochim. Ata A 115, 12 **[2013]**.

Pratt, R.C.; Lohmeijer, B.G.G.; Long, D.A.; Waymouth, R.M.; Zhang, S.; He, L.-N. Aust. J. Chem. 67, 980-988 **[2014]**

Q

Qasem, Hamza A., Mohamed Reda Aouad, Hessah A. Al-Abdulkarim, Eida S. Al- Farraj, Roba M.S. Attar, Nashwa M. El-Metwaly, Abu-Dief A.M, Journal of Molecular Structure 1264, 133263 [**2022**].

R

Raghavachari, K., J. S. Binkley, R. Seeger, J. A. Pople, J. Chem. Phys., , 72, 650-54 [**1980**]

Rani, G. Sandhya, Manneganti Vijay, e Bethala L. A. Prabhavathi Devi, ChemistrySelect, 4, 10133- 10142 **[2019]**

Rich, Anne M., Robert S. Armstrong, Paul J. Ellis, Peter A. Lay, J. Am. Chem. Soc, 120, 42, 10827-1083 6 [**1998**].

Richardson, M.F., Can. J. Chem. Commun. 52 (22) 3716-3722 [**1974**].

Rusanov, Daniil A., Jiaying Zou e Maria V. Babak, Pharmaceuticals, 15, 453 **[2022] Russell,** C.D., J.E. Millar, J.K. Baillie, Clinical evidence does not support corticosteroid treatment for 2019-nCoV lung injury, Lancet 395 () 473-475 [**2020**]

S

Said, M.A., A. Al-unizi, M. Al-Mamary, S. Alzahrani e D. Lentz, Inorganica Chim Ata **505**, 119434 [**2020**]

Said, Muhammad, Sadia Rehman, Muhammad Ikram, Hizbullah Khan e Carola Schulzke, Z. Naturforsch; 76(3-4)b: 193-199 **[2021]**

Salem, M.A., Hela, M.H., El-Gaby, M.S.A., Ammar, Y.A., Gouda, M.A., Abbas, S. Y., To Chemistry Journal Vol 1 No 2, ISSN: 2581 [**2018**]
Sallam, A., Ayad, M. I., J. Kor. Chem. Soc. 47, 199 **[2003]**
Seena, E. B., Kurup, M. R. P., Polyhedron 26, 829 **[2008]**
Selig, P. Ed., Springer: Cham (Switzerland),Vol. 50 **[2017]**
Shaaban, Mohamed K, Ahmed M Soliman, Mahmoud AA El-Remaily, Hosam Abdel-Ghany, Chemical Sciences Journal, Vol: CSJ-110 **[2013]**
Shaker, A. M., Awad, A. M., e Nassar, L. A. E., Synth. React. Inorg. Met. Org. Chem. 33, (1) 103 **[2003]**
Sharfalddin, A. A., Emwas, A. H., Jaremko, M., & Hussien, M. A., Appl. Organomet. Chem, 35(1), e6041 **[2021]**
Shariati, N., e Robabeh Baharfar, J. Chin. Chem. Soc., 61, 337-340. [**2014**]
Sharma, P. K., Dubey, S. N., Ind. J. Chem. 33 A, 1113 **[1994a]**
Shebl, M., M.E. Khalil Saied, Mona A.A. Kishk, Doaa M. El-Mekkawi, M. Saif, Appl Organometal Chem.;33:e5147 **[2019]**
Shebl, M. Journal of Coordination Chemistry, 69(2), 199 [**2016**]
Shebl, M., Adly, O. M., Taha, A., & Elabd, N. N. J. Mol. Struct, 1147, 438 [**2017**]
Shebl, M., Akila A. Saleh, Saied M. E. Khalil, Magdah Dawy, Amira A. M. Ali, química inorgânica e de nanometal, 1-15 **[2020]**
Shebl, M., Khalil, S. M. E., Ahmed, S. A., Medien, H. A. A., J. Mol. Struct. 980, 39 **[2010]**
Shebl, M., Khalil, S. M., Taha, A., Mahdi, M. A. N. Spectrochim. Ata Parte A: Mol. Biomol Spectrosc, 113, 356 [**2013**]
Shebl, M., Saleh, A. A., Khalil, S. M., Dawy, M., & Ali, A. A. Inorg. Nano-Metal Chem, 51(2), 195 [**2021**]
Shehata, M. R. Arab.J Chem, 12(7), 1395 **[2019a]**
Shehata, M. R., Mohamed, M. M., Shoukry, M. M., Hussein, M. A., & **Shehata,** M. R., Shoukry, M. M., & Abdel Wahab, A. M. Phys, Chem. Liq, 1 **[2020]**
Shehata, M. R., Shoukry, M. M., & Ragab, M. S. Spectrochim. Ata A: Mol & Biomol. Spectrosc, 96, 809 **[2012]**
Shehata, M. R., Shoukry, M. M., Mabrouk, M. A., & Van Eldik, R. J. Coord. Chem, 69(3), 522 **[2016]**
Shehata, M. R., Shoukry, M. M., Mabrouk, M. A., Kozakiewicz, A., & van Eldik, R. J. Coord. Chem, 72(12), 2035 **[2019 b]**
Shehata, M. R., Shoukry, M. M., Osman, A. A., AbedelKarim, A. T., Spectrochim. Ata Parte A: Mol.Biomol. Spectrosc, 79(5), 1226 **[2011]**
Shehata, M. R., Shoukry, M. M., Ragab, M. S., & van Eldik, R. (2017). Eur. J. Inorg Chem., (13), 1877 **[2017]**
Shokr, E. Kh, Moumen S. Kamel, H. Abdel-Ghany, Mahmoud Abd El Aleem Ali Ali El-Remaily, Aly Abdou, Materials Chemistry and Physics, Volume 290, 126646, [**2022**]
Shoukry, M. Mohamed, e Rudi van Eldik, Int. J. Mol. Sci., 24, 4843, **[2023]**
Shrivastava, R., Mour, M., & Kapoor, M. Materials Today: Proceedings **[2020]**
Silku, P., S. Ozkiinali, Z. Ozturk, A. Asan, D. A. Kose, J. Mol. Str. 1116, 72 **[2016]**
Soliman, Ahmed M., Shaaban K. Mohamed,b Mahmoud. Abd El Aleem. Ali. Ali. El-Remaily, e H. Abdel-Ghanya, J. Heterocyclic Chem., 51, 1202 **[2014]**
Soliman, A. A., Ali, S. A., Khalil, M. M. H., Ramadan, M. Thermochim. Ata 359, 37 **[2000]**
Spackman P. R., M. J. Turner, J. J. McKinnon, S. K. Wolff, D. J. Grimwood, D. Jayatilaka e M. A. Spackman, J. Appl. Cryst. 54, 1006-1011 [**2021**]
Stanek, J.; Rosener, T.; Metz, A.; Mannsperger, J.; Hoffmann, A.; Herres-Pawlis, S. Top.

Heterocycl. Chem., 51, 95-164 **[2017**]

Sun H. S., J. Q. Wang, C. Guo, L. J. Shen, Chin. J. Org. Chem., 33, 2220 **[2013].**

T

Taha, A., Farag, A. A. M., Shebl, M., Ammar, A. H., Ahmed, H. M., Spectrochim. Ata A 152, 218 **[2016]**

Tahir, S.; Badshah, A.; Hussain, R.A. Bioorg. Chem. 59, 39-79 **[2015]**

Takaya, Jun, Chem Sci. 12(6): 1964-1981 **[2021]**

Tamatam, Rekha, Seok-Ho Kim, Dongyun Shin, Front. Chem., 11 - **[2023]**

Turan, N., & Buldurun, K. Eur. J.Chem, 9(1), 22 [**2018**]

Turner, M.A., M. J., Mckinnon, J. J., Wolff, S. K., Grimwood, D. J., Spackman, P. R., Jayatilaka, D. & Spackman, CrystalExplorer. Versão 17. Universidade da Austrália Ocidental. [**2017**]

Tyagi, M.**,** S. Chandra, P. Tyagi, Spectrochim. Ata A. 117, 1 **[2014a]**

Tyagi, M., Chandra, S., Akhtar, J., Chand, D., J. Spectrochim. Ata Part A118, 1056**[2014b]**.

Tyagi, P, Sulekh Chandra, B.S. Saraswat, Deepansh Sharma, Spectrochimica Ata Part A: Molecular and Biomolecular Spectroscopy 143 1-11 [**2015**].

V

Vinodkumar, C. R., Nair, M. K. M., Radhakrishnan, P. K., J. Therm. Anal. Cal. 61, 143 **[2000]**

Vinodkumar, C. R., Nair, M. K. M., Radhakrishnan, P. K., J. Therm. Anal. Cal. 61, 143[**2002**]

Virumbrales, Cintia**,** El-Remaily M.A. E. A. A., Samuel Suarez-Pantiga, Manuel A. Fernandez-Rodriguez, Felix Rodriguez, e Roberto Sanz, Org. Lett., 24, 8077-8082 **[2022]**

W

Wadt, W. R., P. J. Hay, J. Chem. Phys., 82, 284-98 [**1985**]

Webster, F. X., Silverstein, R. M., Spectrophotometric Identification of Organic Compounds, sexta ed., Wiley, Nova Iorque, **[1992]**

Lista-modelo de medicamentos essenciais **da OMS**: 22ª lista [**2021**]

Woolery, Geoffrey L., Mark A. Waiters, Kenneth S. Suslick, Linda S. Powers e Thomas G. Spiro J. Am. Chem. SOC., 107, 2370-2373 [**1985**]

Y

Yang, L., D.R. Powell e R.P. Houser, Dalton Transactions 955 [**2007**]

Yoe, J. H., Jones, A. L., Ind. Eng. Chem. Anal. Ed. 16, 111 **[1944]**

Z

Zare, N.**,** A. Zabardasti, Appl. Organomet. Chem, 33, e4687 [**2019**]

Zayed, M., A. M. M. Hindy, G. G. Mohamed, Appl. Organomet. Chem. 33, e4525 [**2019**]

Zeynizadeh, B., S. Rahmani, E. Eghbali, Polyhedron. 168, 57-66 , [**2019**]

Zulu, S., Alam, M.G., Ojwach, S.O., Akerman, M.P., Appl Organometal Chem, e5175 [**2019**]

Printed by Books on Demand GmbH, Norderstedt / Germany